M. M. Mirzaolimov
A.A. Kobulov
K.A. Niezov N.U.

MISTÉRIOS DO CÉREBRO HUMANO

M. M. Mirzaolimov
A.A. Kobulov
K.A. Niezov N.U.

MISTÉRIOS DO CÉREBRO HUMANO

ScienciaScripts

Cover image: www.ingimage.com

This book is a translation from the original published under ISBN 978-620-7-65118-4.

Publisher:
Sciencia Scripts
is a trademark of
Dodo Books Indian Ocean Ltd. and OmniScriptum S.R.L publishing group

120 High Road, East Finchley, London, N2 9ED, United Kingdom
Str. Armeneasca 28/1, office 1, Chisinau MD-2012, Republic of Moldova, Europe
Printed at: see last page
ISBN: 978-620-7-71986-0

MINISTÉRIO DO ENSINO SUPERIOR, DA CIÊNCIA E DA INOVAÇÃO DA REPÚBLICA DO UZBEQUISTÃO

ESTADO DE NAMANGÃ
UNIVERSIDADE

MIRZAOLIMOV MIRZOKHID MIRZAVALIEVICH
NIYOZOV KAKHRAMON ADASHALIEVICH
KHODZHAYEVA NAIMAKHON UMIRZA-KOVNA
KOBULOV ABDULVOKHID ABDURASHIDOVICH

OS MISTÉRIOS DO CÉREBRO HUMANO

Namangan - 2024

UDC: 539.1.047

Segredos do cérebro humano. Mirzaolimov M.M., Niyozov K.A., Khodjaeva N.U., Kobulov A.A., 2024. Izdvo. LAP Lambert Academic Publishing

Revisores: **Doutoramento em Ciências Biológicas**
M.M. Mamazhanov
Doutor em Ciências Biológicas
A.E. Zainabidinov

Capítulo

O cérebro humano é um dos maiores mistérios do universo. Quantos mais mistérios por resolver estão associados à investigação do cérebro?

Quer saber:

- onde as memórias são "armazenadas";

- porque é que temos sonhos proféticos;

- com que técnicas psicológicas estamos a ser manipulados;

- é possível vencer o medo e encontrar a felicidade?

Se sim, vamos embarcar juntos numa viagem fascinante e misteriosa às profundezas da mente humana para descobrir os segredos do medo e da inteligência.

Do autor

CONTEÚDO.

INTRODUÇÃO

Para poder ler e compreender estas páginas, tem de agradecer, antes de mais, à massa cinzenta do seu crânio. O cérebro humano é uma ferramenta espantosa e incrível para compreender o mundo e a si próprio. Não pode ser igualado por nenhum dos computadores mais avançados da NASA. Com uma velocidade incompreensível, o cérebro processa simultaneamente todas as informações provenientes dos órgãos da visão, do olfato, da audição e do tato, coordena as acções das mãos, das pernas, da cabeça e da coluna vertebral, controla todos os movimentos, ativa a memória, permite compreender e reproduzir a fala, é responsável pelos sentimentos, desejos e emoções... Além disso, para alguns indivíduos especialmente dotados, permite pensar em categorias abstractas. Em geral, o cérebro regula simultaneamente as funções vitais do nosso corpo mortal e a ascensão do espírito imortal.

Embora o homem seja a coroa da criação, é possível falar da presença do cérebro em todos os vertebrados, a começar pelos peixes (nos insectos, o "cérebro" é um conjunto de fibras nervosas ou gânglios). Além disso, se nos seres humanos a relação entre a massa cerebral e o peso corporal é, em média, de 2-2,3 por cento, nos mesmos primatas esta relação varia entre 0,8 e 1,7, e nos golfinhos e orcas é de cerca de 1,8 por cento. É claro que, em termos de peso, os seres humanos perdem significativamente para estes últimos representantes da fauna (o cérebro humano adulto médio pesa cerca de um quilograma e meio), mas podemos orgulhar-nos do facto de apenas o cérebro humano ter uma função como o pensamento.

CAPÍTULO I. ESTUDAR A ESTRUTURA DO CÉREBRO: INVESTIGAÇÕES ANTIGAS E DESCOBERTAS SURPREENDENTES DO NOSSO TEMPO. O CÉREBRO COMO UM COMPUTADOR

"Centro de Controlo da Missão"

É lógico que o "centro de controlo" do corpo e da mente deva ser protegido de forma fiável, uma vez que qualquer lesão grave no cérebro relega a pessoa para a categoria dos "vegetais". Num tal estado vegetativo, a personalidade deixa de reagir a estímulos externos e perde a capacidade de agir de forma significativa. Por isso, como primeiro nível de proteção do cérebro, a natureza utilizou uma caixa - o crânio (a coluna vertebral protege a medula espinal). Além disso, para proteger a matéria cerebral da pressão das paredes ósseas, esta é protegida por três conchas de tecido conjuntivo: dura (exterior), vascular, ou teia de aranha (média), e mole (interior). O espaço entre elas é preenchido pelo líquido cefalorraquidiano - licor (do latim liquor), cuja composição é semelhante à do plasma sanguíneo. A natureza como que construiu um airbag com várias camadas. E o líquido intersticial, para além da função de segurança, cumpre outra - fornece nutrientes ao cérebro. Durante o dia e a noite, o cérebro recebe até 20% do fluxo sanguíneo total, transportando oxigénio para os tecidos do corpo. A peculiaridade da circulação cerebral é tal que várias membranas especiais formam a barreira hemato-encefálica, limitando a permeabilidade das paredes dos vasos sanguíneos e impedindo a penetração de infecções e da maioria dos vários compostos químicos do sangue na substância do cérebro.

O cérebro é irrigado com sangue por três artérias principais - as duas artérias carótidas internas (a. carotis interna) e a artéria principal

(a. basilaris). Os cientistas descobriram que, se a atividade dos neurónios em qualquer parte do cérebro aumentar significativamente, o fornecimento de sangue a essa área aumenta imediatamente.

As estruturas profundas do cérebro

Qual é a estrutura do nosso cérebro? Não vamos entrar nas subtilezas da anatomia e da fisiologia, porque, para compreender os princípios básicos do cérebro, não é necessário saber onde se situam exatamente os corpos mastóides ou o núcleo lenticular e quais as funções que desempenham. Para evitar confusões de termos, basta recordar que o cérebro pode ser condicionalmente dividido em três blocos principais: o prosencéfalo, o cerebelo e o tronco cerebral.

Se olhássemos para dentro de um crânio transparente (o caso de um cadáver na morgue é menos otimista), veríamos em primeiro lugar dois **grandes hemisférios** que cobrem as partes mais profundas do cérebro. Os hemisférios esquerdo e direito são a parte maior, mais desenvolvida e mais importante do sistema nervoso central. Estão separados um do outro por uma fenda longitudinal profunda, que se prolonga até ao corpo caloso, um feixe de fibras nervosas, que é uma espécie de ponte que liga os dois hemisférios e proporciona uma troca contínua de informações.

A fenda longitudinal termina na fenda transversal do grande cérebro, que separa os hemisférios do **cerebelo** (lembre-se, é na parte de trás: primeiro o cérebro, depois o cerebelo), cuja superfície é coberta por uma rede de sulcos e rugas mais finas e delicadas do que as do córtex cerebral. O cerebelo é responsável pela formação das capacidades motoras e coordena as acções dos diferentes grupos musculares na realização de actos comportamentais estereotipados (como comer, lavar os dentes); está também envolvido na manutenção do equilíbrio.

Para além dos hemisférios, que constituem cerca de 70% do volume total do cérebro, o tálamo (ou centro visual), o hipotálamo (que produz neurosecretase para regular a hipófise) e a hipófise (uma das principais glândulas neuroendócrinas) estão também localizados na região anterior (abaixo dos hemisférios, sensivelmente a meio).

Por baixo dos grandes hemisférios, encontra-se o **tronco cerebral, constituído pelo** mesencéfalo (onde se situam os centros subcorticais da audição e da visão), pela pontina e pela medula oblonga (onde se situam os centros que regulam a respiração, a função cardíaca e a pressão sanguínea, o peristaltismo gástrico e intestinal), que passa suavemente para a espinal medula. Os nervos que se ramificam do tronco cerebral e da medula espinal recolhem informações de receptores internos e externos e enviam sinais aos músculos e às glândulas.

Todas as estruturas cerebrais acima referidas estão ligadas por estruturas condutoras especiais - as fibras nervosas.

Grandes hemisférios

Voltemos à maior parte do cérebro - os grandes hemisférios. Normalmente, os hemisférios direito e esquerdo são simétricos e estão ligados pelo corpo caloso e, mais ou menos ao nível do tronco cerebral, os feixes de fibras nervosas que ligam cada um dos grandes hemisférios aos hemisférios cerebelares cruzam-se. Assim, o lado esquerdo do corpo é controlado pelo hemisfério direito e o lado direito pelo hemisfério esquerdo.

Acredita-se geralmente que o hemisfério dominante (normalmente o esquerdo) é mais responsável pela fala e pelos gestos que a acompanham, bem como por outras funções comportamentais, enquanto o hemisfério direito analisa os parâmetros espaciais e temporais do espaço circundante. Por exemplo, quando ouvimos música, o hemisfério direito é mais ativado, enquanto o hemisfério esquerdo é responsável pela sua criação.

Pouco antes do seu sexagésimo aniversário, o compositor francês Maurice Ravel sofreu um acidente de viação que danificou gravemente o hemisfério esquerdo do seu cérebro. Ao descrever a sua recuperação, o seu médico observou um efeito estranho: embora Ravel gostasse de ouvir música, de assistir a concertos e de fazer críticas fundamentadas e inteligentes, "nunca mais foi capaz de compor - de pôr no papel o que lhe soava na cabeça", nem de ler partituras ou tocar piano.

Curiosamente, as mulheres tendem a ter um hemisfério esquerdo mais desenvolvido, enquanto os homens têm um hemisfério direito mais desenvolvido. Com todo o tipo de consciência de género, os psicólogos têm de admitir que as mulheres são "em média" inferiores aos homens em termos de capacidades lógicas, matemáticas e espaciais, mas superiores a eles em termos de desenvolvimento verbal e de capacidades de fala (por exemplo, as raparigas aprendem a falar e a ler mais cedo do que os rapazes).

Isto não nos faz pensar - não, não é que os homens sejam mais inteligentes do que as mulheres, que sexismo - mas que os nossos cérebros são um pouco como um dispositivo de computação com processamento paralelo em dois centros autónomos - hemisférios?

Duas personalidades num só corpo

Na prática médica, a investigação sobre o cérebro é difícil por razões óbvias - qualquer intervenção conduz a consequências irreversíveis. Por isso, as observações sobre o cérebro danificado são particularmente intensivas durante as guerras ou em doentes após traumas graves ou com perturbações mentais graves. Por exemplo, a cirurgia de separação hemisférica é indicada em casos graves de epilepsia. Um desses doentes foi um caso único na história da medicina.

Em tenra idade, P. contraiu epilepsia, em resultado da qual o seu hemisfério esquerdo ficou danificado e as funções da fala foram parcialmente assumidas pelo hemisfério direito. Após uma cirurgia para separar os hemisférios, os médicos conseguiram ... comunicar com as metades esquerda e direita do seu cérebro. A mão esquerda, controlada pelo hemisfério direito, respondeu às perguntas dos médicos criando palavras a partir de cartões com letras individuais. A mão direita (depois de os investigadores terem passado para o hemisfério esquerdo) escrevia as respostas ou o doente dizia-as em voz alta. Utilizando uma técnica de teste especial, foi feita ao doente a pergunta "O que gostaria de ser?" e o hemisfério esquerdo deu a resposta - "um construtor" e o hemisfério direito - "um piloto". Assim, duas camadas independentes de consciência estavam vizinhas na psique de P..

O investigador Mike Gazzaniga ficou chocado com a descoberta que fez. "Uma metade do cérebro", descreveu mais tarde, "estava a expressar os seus próprios sentimentos e opiniões, enquanto a outra metade - a metade esquerda, que possui a fala - esquecendo o seu papel dominante durante algum tempo, observava o seu parceiro silencioso a expressar os seus juízos..."

Para cada pergunta que era dirigida ao lado direito do cérebro do sujeito, utilizando uma técnica especial, o sujeito dava uma resposta pormenorizada - por exemplo, sobre as suas preferências alimentares ou os seus programas de televisão favoritos. Quando se pedia ao lado esquerdo do cérebro que respondesse à mesma pergunta, o paciente respondia que nunca lhe tinham perguntado nada antes, após o que a mão direita começava a formar a resposta à pergunta a partir de letras.

O mais curioso é que o hemisfério esquerdo "observava" cuidadosamente as acções que o paciente realizava ao comando do hemisfério direito, e tentava justificá-las logicamente, para dar uma explicação razoável para esta ou aquela resposta!

Por exemplo, quando, com a ajuda de um dispositivo especial, se mostraram simultaneamente aos dois hemisférios do cérebro duas imagens (galo, inverno) e se pediu ao doente que escolhesse cartões logicamente relacionados com essas imagens, o doente tirou duas imagens com mãos diferentes: a mão direita - uma imagem de uma galinha (a mão direita está subordinada ao hemisfério esquerdo), e a mão esquerda - uma imagem de patins (o hemisfério direito foi responsável por esta escolha). Quando lhe perguntaram qual a imagem que lhe tinha sido mostrada, o doente respondeu que tinha visto um galo, pelo que escolheu uma galinha. E, após um momento de silêncio, acrescentou com toda a confiança: "E uma galinha é fácil de limpar com um patim". O hemisfério esquerdo tentou imediatamente justificar a inferência feita, para ligar logicamente a segunda imagem com a escolha que tinha feito independentemente em resposta ao estímulo visual. Mas o mais importante é que não foi pedido ao paciente que desse essa explicação. Ele estava a expressar o seu palpite, tentando dar uma justificação lógica para as suas acções, para de alguma forma harmonizar os resultados das acções de ambos os hemisférios.

Existe uma teoria em psicologia segundo a qual uma pessoa tenta evitar por todos os meios a desarmonia entre crenças e acções. Por exemplo, se uma pessoa cautelosa e racional for subitamente atraída para uma relação sexual louca, sentirá constantemente desconforto, sentir-se-á culpada, má, à beira do abismo. Para eliminar esta dissonância, romperá a ligação (mesmo que fosse feliz nessa relação) ou tentará justificar (para si próprio, não para os outros) um comportamento tão estranho - por exemplo, que está tão preso na estrutura empresarial que precisa de uma tempestade de sentimentos na sua vida pessoal. Por outras palavras, tentarão explicar ou justificar esta dissonância de todas as formas possíveis.

O investigador Michael Gazzaniga acredita (embora muitos considerem a sua teoria especulativa) que o mundo exterior e a nossa própria personalidade colocam constantemente questões à nossa consciência que simplesmente não podem ser respondidas, porque nenhum de nós tem um conhecimento completo ou é omnisciente. Por isso, o hemisfério esquerdo (que é responsável pela fala e pela expressão verbal dos pensamentos) tenta, de alguma forma, justificar mais ou menos logicamente as nossas acções e assegurar-nos da integridade da nossa personalidade, da correção das ideias que temos sobre nós próprios.

Outro investigador do cérebro, Julian Jaynes, acredita que a consciência da integridade do indivíduo surgiu com o advento da escrita e as primeiras tentativas de introspeção. Pelos padrões da ciência histórica, isso aconteceu há relativamente pouco tempo - há cerca de três mil anos. E antes disso, de acordo com Jaynes, o homem tinha uma consciência "bicameral", quando os hemisférios do cérebro às vezes agiam independentemente um do outro. Além disso, se a fala fosse gerada pelo hemisfério direito e percebida pelo esquerdo, uma pessoa poderia muito bem aceitar sinais das profundezas do cérebro como a voz dos deuses dirigida a ela (do ponto de vista da psiquiatria moderna

- uma ilustração perfeita dos sintomas da esquizofrenia). Em muitas lendas antigas, vemos um deus (ou espírito) a ordenar a uma pessoa que faça algo e outro a aconselhar exatamente o contrário. Parece-se bastante com um diálogo interior da consciência. Mas as pessoas, sem capacidade de autoanálise, não conseguiam classificar as vozes interiores (demónio que sussurra, anjo da guarda que avisa e salva) e simplesmente obedeciam-lhes.

Jaynes estava convencido de que o cérebro humano "é ainda mais plástico e mais capaz de se adaptar ao seu ambiente do que supúnhamos anteriormente... Podemos assumir que o substrato neural da consciência é suficientemente flexível para permitir, com base na aprendizagem e na cultura, uma transição do pensamento bicameral para a autoconsciência".

E eis como o investigador Vernon Mountcastle definiu os processos que ocorrem no cérebro e moldam a nossa personalidade única: "... os estímulos sensoriais fluem para as terminações nervosas periféricas e as suas cópias neurais são enviadas para o cérebro, para o grande manto cinzento do seu córtex", escreveu ele em sentido figurado. - Utilizamo-los para criar mapas neurais dinâmicos e constantemente actualizados do mundo exterior, do nosso lugar e orientação nele, e dos acontecimentos que nele ocorrem. Ao nível do sentimento e da sensação, as suas imagens e as minhas são essencialmente as mesmas, facilmente identificadas por uma descrição verbal ou por uma reação comum. Mas, para além disso, cada uma dessas imagens está ligada à informação genética com a experiência individual acumulada que torna cada um de nós único e irrepetível. Com base nesta experiência integral, cada um de nós constrói, ao mais alto nível da nossa experiência perceptiva, a nossa própria visão muito pessoal a partir de dentro."

A matéria cerebral é a Internet super-rápida

Os dois hemisférios do cérebro, ligados por um feixe de fibras nervosas, formam o córtex cerebral, que é responsável pelo processamento de todas as informações sensoriais que entram no cérebro. No lobo occipital do córtex, são processados os sinais visuais; no lobo parietal, as sensações corporais; no lobo temporal, os sinais auditivos, a fala. Existem áreas responsáveis pelo processamento de sinais olfactivos e áreas onde são integrados sinais sensoriais de diferentes tipos. As zonas dos lobos frontais são responsáveis pelas funções motoras (regulação dos movimentos), bem como pelo planeamento e pela antecipação. No córtex pré-frontal, ocorrem os processos de pensamento e a integração de toda a informação recebida, e todas as zonas corticais interagem continuamente entre si e com as estruturas subcorticais (tronco, tálamo, etc.) e estão ligadas numa única rede (algo como a Internet com acesso constante, supervelocidade e tráfego ilimitado).

O que é que está por baixo do córtex e constitui a substância principal do cérebro? São os neurónios (existem entre 5 a 20 mil milhões no cérebro humano) - células nervosas responsáveis pelo processamento da informação (a massa cinzenta é determinada pela cor dos corpos das células nervosas); as fibras nervosas que transportam a informação para diferentes partes do cérebro (a substância que as cobre, a mielina, é branca); e as células gliais (que são 10 vezes mais numerosas do que os neurónios) que preenchem o espaço entre os neurónios e formam o "esqueleto" do tecido nervoso, para além de desempenharem funções adicionais de metabolismo e proteção (por exemplo, recuperação após infecções).

Do corpo do neurónio, rodeado por uma membrana semipermeável, partem fibras nervosas - um longo esporão (axónio), responsável pela transmissão de informações a outras células, e dendritos curtos e ramificados, com a ajuda dos quais a célula recebe informações de outros neurónios.

A informação é transmitida de célula para célula através de um impulso nervoso que tem origem nos dendritos (que recebem informação de outros neurónios) e viaja a partir do corpo celular ao longo de um axónio (cuja extremidade pode ramificar-se para contactar outros neurónios) a uma velocidade de cerca de 100 metros por segundo. O impulso é transmitido através de uma sinapse (um espaço estreito) utilizando substâncias químicas chamadas neurotransmissores. Na extremidade do axónio (uma fibra longa) encontram-se vesículas peculiares que contêm neurotransmissores. Depois de receber um impulso, o axónio liberta a substância da vesícula para o espaço da sinapse, e esta informação é recebida por outros neurónios. Além disso, os diferentes neurotransmissores têm apenas duas acções polares diferentes - excitação e inibição.

Em repouso, um neurónio tem uma carga de 70 milivolts (o interior da membrana tem uma carga negativa em relação ao exterior). Os dendritos (fibras curtas) conduzem um neurotransmissor para a membrana celular, o que contribui para aumentar o fluxo condutor de iões de potássio e de sódio (excitação) ou de iões de potássio e de cloreto (inibição). Os iões de potássio e de sódio que atravessam a membrana celular reduzem a carga da sua superfície interna e ocorre a despolarização (atividade de excitação). Se a carga negativa da superfície interna da membrana aumentar, ocorre a hiperpolarização (inibição). E então há eletricidade! (Por isso, talvez seja inútil duvidar da normalidade das pessoas que dizem que os campos magnéticos as afectam negativamente ou que se recusam a utilizar telemóveis).

Curiosamente, o neurónio, esta partícula microscópica, quase invisível, deve integrar todos os sinais que lhe chegam ao longo dos dendritos (e podem ser diretamente opostos) e produzir um único resultado.

Provavelmente já ouviu falar dos santos dos santos, os neurotransmissores mais famosos do cérebro. Por exemplo, a serotonina, que induz sensações de prazer (diz-se que aumenta quando se come uma banana) ou a endorfina, que reduz a dor e induz euforia (dez minutos de dança ao som da sua música preferida aumentam drasticamente os seus níveis). Outros neurotransmissores importantes são a noradrenalina, a acetilcolina, o glutamato, a dopamina, as encefalinas e o ácido gama-aminobutírico (muitos neurotransmissores ainda não foram estudados nem nomeados).

Existem na natureza substâncias curiosas que podem influenciar a síntese dos neurotransmissores, o seu bloqueio, a sua acumulação e a sua libertação nas vesículas situadas nas extremidades dos axónios, ou mesmo imitar a sua ação. Por exemplo, a anfetamina acelera a libertação de norepinefrina das vesículas e o LSD (ácido dietilamidalisérgico) pode ligar-se diretamente aos receptores de serotonina. A aminazina bloqueia os receptores de dopamina, a morfina ativa rapidamente os receptores de endorfina. É desta forma - reforçando ou enfraquecendo a ação dos neurotransmissores - que as substâncias psicotrópicas influenciam o funcionamento do cérebro, as sensações e até o comportamento humano (Carlos Castaneda escreveu sobre isto em grande detalhe, tomando como base o efeito psicotrópico do cato peiote).

Como é que funciona?

E como é que um cérebro normal, sem drogas, funciona? Vejamos um exemplo simples. Queremos pegar num tubo de batom que está no toucador. A luz reflectida pelo tubo é focada pelo cristalino, chega à retina, depois é transmitida pelas células nervosas ao centro visual (tálamo); assim, são activados os neurónios luminosos, que transmitem a imagem à parte do córtex visual (lobo occipital dos grandes hemisférios) do olho direito - localizado no esquerdo, do esquerdo - no hemisfério direito. Aqui começa toda uma cacofonia de impulsos, alguns dos quais reagem à forma do tubo, outros à forma e ao volume da caixa, outros analisam o limite entre a mesa e o batom. Depois, esta informação passa através de axónios para o centro analítico, onde todos os dados são reunidos (reconhecemos o tubo e a mesa). A partir daí, os impulsos vão para os lobos frontais, onde começa o planeamento do movimento (pegue!), depois dos neurónios, através de terminações nervosas, o sinal vai para os músculos da mão, para cada dedo (e o movimento que começou é controlado por receptores visuais). E quando pegamos no tubo com as mãos, os receptores cutâneos dos dedos, reagindo à pressão, informam imediatamente o cérebro sobre a segurança com que os dedos seguram o batom e que grau de esforço deve ser aplicado para o segurar mais. Bem, é preciso uma tal quantidade e qualidade de neurónios para pôr corretamente o batom ou para inventar a teoria da relatividade que é assustador imaginar!

Como não admirar este órgão espantoso, perfeito, complexo e único dado a cada um de nós? Mas ainda agora começámos a revelar-vos os segredos do cérebro....

CAPÍTULO II. CRIATIVIDADE. COMO UM GÉNIO DIFERE DE UM HOMEM COMUM. PORQUE É QUE O CÉREBRO FUNCIONA DE FORMA DIFERENTE EM PESSOAS DIFERENTES

Não há limites para as capacidades humanas?

Poucas pessoas reflectem sobre o significado do termo "criatividade". Parece-nos bastante comum e esquecemo-nos de que apenas uma criatura na Terra pode criar - o ser humano. Todos os outros estão privados desta dádiva. Claro que toda a gente se lembra das "pinturas" de macacos, elefantes e golfinhos, mas essas "pinturas" só se tornam criativas na perceção humana.

O famoso físico, académico P. Kapitsa, escreveu que a criatividade pode manifestar-se em qualquer campo da atividade humana, quando uma pessoa começa a agir de uma forma que não está de acordo com as instruções. Os animais e os insectos, por mais belas habitações que criem para si próprios, têm inicialmente uma instrução sob a forma de instinto.

A essência da criatividade é a descoberta e a criação de algo novo que tenha algum valor. Novos factos ou leis na ciência, novos dispositivos na tecnologia, novas imagens artísticas ou formas artísticas na arte.....

O psicólogo social, o inglês Graham Wallace, identificou em 1926 quatro fases do pensamento criativo:

- preparação - formulação do problema, tentativas de o resolver;
- A incubação é uma distração temporária da tarefa em curso;
- insight - a emergência de uma solução intuitiva;
- verificação - teste e/ou implementação da solução.

Cada um de nós está familiarizado com estas fases, seja qual for a área em que estamos a criar: inventar algo no trabalho, pintar um quadro, compor um verso de saudação para um ente querido, descobrir como fritar batatas de forma mais deliciosa ou como colar melhor o papel de parede. Qualquer um de nós criou. Mas porque é que a criatividade de alguns se limita à cozinha e aos cartões de felicitações e outros criam obras-primas que permanecem nos séculos? Onde está, no nosso cérebro, o botão que pode fazer com que uma pessoa se torne um génio?

O génio é a massa do cérebro ou o número de voltas?

Há séculos que se tenta desvendar o mistério do génio. Não só não sabemos de onde vem, como muitas vezes nem sequer conseguimos articular o que é. De acordo com a definição do poeta inglês Coleridge, que foi considerado um génio por muitos, o génio (pelo menos no exterior) é a capacidade de crescer. Mas o que é que acontece no interior...? Esta pergunta parece não ter sido respondida pelo próprio Coleridge.

Os dicionários definem "génio" como o mais alto grau de manifestação das forças criativas humanas. Os crentes acreditam que o génio é o nascimento do Espírito da Verdade numa pessoa, mas não conseguem explicar porque é que Deus deu génio a algumas pessoas e "cinzentismo" ou mesmo estupidez a outras.

Ao contrário da religião, a ciência sempre tentou descobrir de onde vem o génio. Durante muito tempo, acreditou-se que o segredo estava no número de torções do cérebro dos génios ou mesmo no aumento do peso do cérebro.

Mas, como mostra a prática, o peso não tem nada a ver com isso. Na Rússia, o maior cérebro era o do talentoso escritor russo Ivan Sergeyevich Turgenev (1818-1883), que pesava 2012 gramas (o peso médio do cérebro de um homem adulto é de 1375 gramas e o de uma mulher adulta é de 1275 gramas). Só se conhece um cérebro maior, que pesava 2850 gramas. Pertencia a um doente epilético idiota num hospital psiquiátrico europeu.

Nem todos os génios tinham "cérebros pesados". Por exemplo, o cérebro do escritor francês Anatole France pesava apenas 1017 gramas, o que não o impediu de entrar para sempre na história da literatura mundial.

Comparemos os pesos cerebrais de pessoas famosas e, mais uma vez, veremos que é impossível deduzir qualquer regularidade:

Sergey Yesenin, poeta russo - 1920;

George Byron, poeta inglês - 1807;

Otto Bismarck, político alemão - 1800;

Ludwig van Beethoven, compositor alemão - 1750;

Vladimir Mayakovsky, poeta soviético - 1700;

William Thackeray, escritor inglês - 1658;

Ivan Pavlov, cientista russo - 1653;

Immanuel Kant, filósofo alemão - 1600;

Dmitri Mendeleev, cientista russo - 1580;

Lev Trotsky, revolucionário - 1568;

Konstantin Stanislavsky, artista - 1505;

Andrei Sakharov, cientista e político - 1440;

Robert Kennedy, político americano - 1432;

Marilyn Monroe, estrela de cinema americana - 1422;

Franz Schubert, compositor austríaco - 1420;

Maxim Gorky, escritor soviético - 1420;

Dante Alighieri, poeta italiano - 1420;

Alexei Tolstoi, escritor soviético - 1400;

Konstantin Tsiolkovsky, cientista russo - 1372;

Vladimir Lenine, revolucionário - 1340;

Albert Einstein, cientista - 1230.

Sabe-se que o tamanho do cérebro é em parte proporcional ao crescimento do corpo e, por isso, muitos, ao falarem do cérebro de Turguéniev, lembram-se não só do seu enorme crescimento para a época, que chegava aos 192 centímetros, mas também da massa total. Vasily Rozanov, por exemplo, escreveu: "O Turgenev fisiologicamente repugnante consistia naquilo que não é visível no retrato, como se sabe - uma beleza, harmonia e graça bastante impressionantes: a sua cabeça grande assenta não só num corpo maior, mas incomensuravelmente maior, que está exatamente todo inchado como um homem morto afogado. O seu corpo, a sua figura é tão grande, como se fosse uma espécie de mobília em vez de um homem vivo e real..." Mas mesmo esta teoria só pode ser aceite com grandes reservas: o segundo maior cérebro da literatura russa pertenceu a Esenin, que, como sabemos, tinha uma altura muito modesta: apenas 168 centímetros.

A propósito, o tamanho do cérebro também depende da nacionalidade. Os mais "cerebrais" são os esquimós, cujo peso médio do cérebro é de 1558 gramas. As outras nações estão distribuídas da seguinte forma:

Buriates - 1524,

Hindus - 1514,

Polinésios - 1475,

Francês - 1473,

os ingleses - 1456,

Chinês - 1430,

Russos e ucranianos - 1377,

Japonês - 1374,

Europeus (média de todos os países europeus) - 1361,

Suíça - 1327,

Negros (continente africano) - 1316,

Alemães - 1291.

Como se pode ver, não é possível deduzir qualquer regularidade. Assim, a ciência abandonou há muito a ideia de que o peso do cérebro afecta o talento. Agora, estão mais em voga as teorias segundo as quais o génio depende da quantidade e da qualidade das rugas, bem como do número total de neurónios. Mas estas são, afinal, demasiado gerais. Há, no entanto, outras teorias.

Sabemos que o nosso cérebro está longe de funcionar na sua capacidade máxima. Pelo menos, é isso que os cientistas sugerem. Alguns acreditam que o cérebro humano utiliza 10% dos seus recursos, outros 20%, os mais corajosos sugerem que o cérebro coloca até 30% do seu poder à nossa disposição diariamente. Por vezes, estabelecem uma analogia entre o poder do pensamento e o poder do físico e recordam acontecimentos em que as pessoas demonstraram um enorme poder em situações extremas. Por exemplo, em Itália, um carro atropelou uma menina e a mãe, uma mulher normal que nunca tinha praticado desporto, simplesmente virou o carro e tirou a criança de debaixo das rodas. Muitos assumem que, se a mesma maneira extrema de lançar todos os 100% do poder do cérebro, então apenas e você pode se tornar um gênio. O mais importante é encontrar esse botão mágico. No entanto, os cientistas não partilham esse otimismo. Pelo contrário, acreditam que, para ser um génio, não é necessário "ligar" as partes de reserva, mas sim "desligar" as que funcionam.

Os idiotas são génios.

Há muito que os psicólogos e psiquiatras conhecem os chamados "génios idiotas", pessoas com atrasos mentais que demonstram uma enorme capacidade em qualquer área do conhecimento. Basta recordar o filme de Hollywood "Rainman" (na tradução russa - "Homem da Chuva"), em que Dustin Hoffman interpretou um doente com autismo. A sua personagem não consegue navegar no mundo à sua volta, mas consegue contar facilmente várias centenas de palitos caídos numa fração de segundo, contar facilmente cartas num casino, etc.

As pessoas autistas reais, não cinematográficas, surpreendem os outros com muito menos frequência, mas isso acontece. Muitas delas têm superpoderes na matemática, na música e noutros domínios da ciência e da cultura. Nos círculos científicos é amplamente conhecida uma pessoa autista que inventou 24 línguas e comunica perfeitamente com elas. Como dizem os linguistas, trata-se de línguas de alta qualidade, profundamente desenvolvidas, e qualquer uma delas pode ser utilizada como meio de comunicação internacional. A prática mostra que o desenvolvimento exaustivo de línguas artificiais exige décadas de trabalho de muitas pessoas, e este homem inventou sozinho duas e mais de uma dúzia de línguas... Mas no teste de QI, que revela a capacidade intelectual, este inventor chumbaria com estrondo. Tal como outras pessoas autistas que conseguem, depois de olharem para uma casa, desenhar imediatamente o seu desenho arquitetónico mais detalhado, aprender a lista telefónica da cidade num dia, ou simplesmente nomear com precisão de alguns milímetros todas as dimensões de, por exemplo, uma mesa ou um armário.

Os cientistas não vêem qualquer mistério na presença de tais capacidades nas pessoas autistas. Uma determinada parte do seu cérebro está totalmente empenhada no seu trabalho e não é confundida ou distraída por pensamentos de outras partes do cérebro. Muitos especialistas acreditam que qualquer pessoa pode reproduzir os feitos das pessoas autistas.

Allan Snyder e John Mitchell, do Centro para o Estudo da Mente da Universidade Nacional Australiana, efectuaram muitos estudos sobre os superpoderes humanos e dedicaram vários artigos à sua descoberta. De acordo com os cientistas australianos, nós, ou seja, as pessoas comuns, tentamos automaticamente **compreender** factos e observações, enquanto uma pessoa autista (ou, neste caso, deveríamos falar de um génio) não se distrai com isso, lidando apenas com factos simples e não avançando para generalizações e conclusões.

Snyder e Mitchell acreditam que a responsabilidade pelas conclusões e generalizações nos cérebros desses génios é suportada por partes inferiores e evolutivamente mais antigas do cérebro. No entanto, também funcionam em pessoas comuns, mas são "bloqueadas" por partes mais desenvolvidas.

Uma investigação aprofundada permitiu descobrir qual é a diferença entre a perceção da realidade por uma pessoa autista e por uma pessoa normal. Sabe-se que a imagem focada pela lente do olho chega à retina e é depois enviada para o cérebro. Entre a imagem na retina e a sua compreensão decorre apenas cerca de um quarto de segundo, mas durante este tempo é feito um enorme trabalho: áreas especializadas do cérebro identificam cada um dos objectos: cor, tamanho, distância ao objeto, velocidade do seu movimento, etc. Tudo isto é depois transmitido às partes superiores do cérebro e, ao longo do processo, todo o tipo de "lixo" técnico é peneirado. Caso contrário, não conseguiríamos respirar com a abundância de pormenores e dados desnecessários neste caso específico. Por conseguinte, apenas o que é necessário para tomar uma decisão sobre o que vemos é fornecido às partes superiores do cérebro.

As pessoas autistas recebem todos estes dados sem qualquer processamento, com muitos pormenores minúsculos, e por isso uma pessoa assim consegue lembrar-se facilmente, por exemplo, de todos os apelidos da lista telefónica: todos estes dados não foram filtrados pelos seus filtros internos e encontram-se na "superfície" da memória. Naturalmente, a memória de uma pessoa comum também retém tudo o que já foi visto, mas não é fácil chegar a essa informação: o nosso cérebro, temendo uma sobrecarga, coloca barreiras poderosas.

No entanto, há casos conhecidos em que, com a ajuda da hipnose, foram recuperadas da memória humana as mais pequenas nuances de acontecimentos ocorridos há vários anos. Por exemplo, há um caso em que uma testemunha sob hipnose se lembrou da matrícula de um carro pelo qual tinha passado na rua há três anos. A pessoa nem sequer podia supor que tinha prestado atenção a esse carro, mas, no entanto, até o seu número ficou na sua memória e o crime foi resolvido. Este é quase um exemplo clássico, mas os investigadores modernos também não se esquecem da hipnose. Por exemplo, foi utilizada na investigação do homicídio do diretor de uma das sociedades anónimas de Ryazan. Quando a investigação tinha pelo menos alguns dados, já tinham passado três anos desde a tragédia, e a mulher do homem assassinado, a única testemunha, tinha esquecido completamente aquele dia terrível para ela. Mas, sob hipnose, lembrava-se de como o assassino estava vestido, da sua aparência e de muitos outros pormenores úteis. O crime foi resolvido.

Mas não se pense que as memórias guardadas algures nas profundezas do cérebro não têm qualquer impacto nas nossas vidas. Os psicoterapeutas dizem que nada desaparece. É por isso que os psicanalistas tentam "ir ao fundo" da nossa infância, afirmando que as raízes de todos os problemas estão nos medos da infância. Por exemplo, um bom especialista pode levar um adulto de volta à sua infância e fazê-lo recordar o dia em que foi mordido por um cão. Ao fazê-lo, o psicanalista consegue "mudar um pouco o cenário" e, em vez de sentir o choque da mordidela, a criança vai simplesmente acariciar o cão. Há um caso conhecido de um paciente que, depois de uma "viagem" deste género, se livrou da gaguez, da qual não se tinha conseguido livrar durante várias décadas.

Mas, para além do "lixo" das memórias, o nosso cérebro também bloqueia muitas das nossas capacidades, por não ver qualquer sentido prático nelas (e por tentar não se esforçar demasiado). Por exemplo, se agora fizer a si próprio uma pergunta sobre o dia da semana em que Pushkin nasceu (foi a 6 de junho de 1799), então, compreensivelmente, para obter a resposta, precisará de uma calculadora e de alguns minutos de cálculos (ou de um calendário perpétuo). Mas, na verdade, o seu cérebro já fez os cálculos instantâneos e respondeu à pergunta. Só não colocou a resposta "no ecrã" porque não viu a necessidade prática de o fazer.

Mas numa situação de stress, quando o seu cérebro percebe que a sua vida depende da resposta, há uma boa hipótese de responder corretamente à pergunta sem uma calculadora. Assim, esta barreira, que não existe nas pessoas autistas que efectuam instantaneamente cálculos matemáticos complexos, pode ser eliminada. Mas como é que se faz isso sem extremos?...?

Note-se que a ciência mundial conhece muitas descobertas feitas em sonhos. Entre os russos, o sonho mais famoso é, de longe, o da mesa de Mendeleev. Nestes casos, tudo é muito simples: os obstáculos naturais do cérebro não permitiram que Mendeleev abandonasse a lógica habitual e as categorias com que estava habituado a pensar, olhando para o problema que estava a tentar resolver de um ângulo diferente. No sonho, esses "estilingues" lógicos desapareceram. Mas, ainda assim, este exemplo, embora claro, não é totalmente válido: os "estilingues" da lógica, montados pelo próprio indivíduo, são muito mais fáceis de remover do que aqueles que o nosso cérebro montou por si próprio.

Pushkin, por sinal, nasceu numa quinta-feira.

Alguma vez pensaste neste dia? Se a sua resposta foi correcta, pode ter vindo de duas fontes: o seu cérebro calculou este dia ou simplesmente lembrou-se de informações que tinha ouvido uma vez.

Mas voltemos às pessoas autistas. Muitos cientistas acreditam que a raiz dos seus superpoderes não está na ausência de barreiras, mas no facto de algumas partes do seu cérebro desempenharem funções que não lhes são típicas. De acordo com esta teoria, todas as reservas do cérebro de uma pessoa autista estão concentradas numa única tarefa, como cálculos matemáticos, e a parte do cérebro responsável por esta função é ainda mais forte fisicamente do que as outras.

Na maioria das pessoas, de acordo com os cientistas que aderem a esta teoria, este desenvolvimento unilateral não ocorre porque o cérebro, desde tenra idade, está sintonizado para a generalização e conclusões, ou seja, concentra-se no quadro geral em vez de fixar os pormenores individuais. No entanto, as pessoas autistas têm ligações internas enfraquecidas no cérebro, pelo que, em vez de uma impressão geral "no placard", há muitas nuances que passam ao lado de uma pessoa normal.

Privadas da necessidade de filtrar o desnecessário, as zonas interiores do cérebro começam a "ferver no seu próprio sumo" e a desenvolver-se, tornando uma pessoa um génio, por exemplo, na contagem verbal, na memória visual, etc. Mas, infelizmente, um idiota em tudo o resto.

A nossa ciência, infelizmente, ainda não está tão desenvolvida que seja possível aceitar claramente uma versão e rejeitar a segunda. Há factos bastante fiáveis que falam tanto a favor da primeira teoria como da segunda. Por exemplo, os apoiantes da segunda versão gostam de recordar os resultados do estudo do cérebro de Einstein. As áreas do seu cérebro, "responsáveis" pela capacidade matemática, não só aumentaram de tamanho, como também não atravessaram o giro, como nas pessoas comuns. Acredita-se que o giro "limita" diferentes áreas do cérebro e, como sugerem os cientistas, o "segmento matemático" no cérebro de Einstein varreu para debaixo de si áreas vizinhas que não se destinavam de todo à matemática. Uma desvantagem significativa deste exemplo e de outros semelhantes é o facto de o cérebro ter sido examinado após a morte do cientista, pelo que não podemos dizer se o "segmento matemático" era tal desde o nascimento ou se adquiriu a sua forma após décadas de cálculos.

A favor da primeira versão, que afirma que cada pessoa é um génio desde o nascimento, diz-se, por exemplo, o facto de um bebé de oito meses realizar inconscientemente cálculos fantasticamente complexos que lhe permitem compreender em que parte do fluxo da fala termina uma palavra e começa outra. E logo o bebé começa a falar. Mas são necessários pelo menos meses de trabalho árduo para que um adulto aprenda uma língua estrangeira.

Não é segredo que as crianças aprendem muito melhor do que os adultos, mas estes superpoderes para aprender coisas novas desaparecem com a idade. Estudos demonstraram que os recém-nascidos e os bebés têm partes activas do cérebro que estão "adormecidas" nos adultos. É graças à sua atividade que a criança desenvolve comportamentos "automáticos". Por exemplo, uma criança de quatro anos precisaria, hipoteticamente, de apenas algumas horas para aprender a conduzir um carro, enquanto um adulto precisaria de vários dias a vários meses, consoante a idade.

A parte superior do cérebro, responsável pelo comportamento inteligente, é "ligada" apenas alguns meses após o nascimento e ganha força gradualmente, atingindo o seu pico na idade de cerca de um ano e meio, quando as crianças começam a falar. Os autistas ou não se ligam de todo ou ligam-se apenas parcialmente, razão pela qual as capacidades espantosas do cérebro "infantil" nos surpreendem nos adultos.

As pessoas autistas têm normalmente um hemisfério esquerdo pouco funcional, responsável pela lógica e pelo comportamento racional, enquanto o hemisfério direito, responsável pela intuição e pelas emoções, está sobredesenvolvido. Nos casos conhecidos em que pessoas autistas foram curadas, o hemisfério esquerdo acabou por assumir o controlo e todos os superpoderes foram perdidos.

A investigação de Lombroso

Afastemo-nos dos extremos e falemos daqueles que, estando bastante orientados no nosso mundo, continuam a ser considerados génios, combinando habilmente capacidades únicas com um desenvolvimento cerebral normal. (No entanto, o famoso psiquiatra italiano Cesare Lombroso considerava o génio uma forma de insanidade).

Sabe-se que os principais "inimigos" da criatividade são o medo do fracasso e a elevada auto-crítica. São estas características que não permitem que muitas pessoas com capacidades extraordinárias entrem nas ondas da criatividade. E é por isso que, desde a Antiguidade, muitos filósofos estabeleceram um paralelo entre o génio e o prejuízo para a razão. Aristóteles, o fundador da filosofia, observou que, de acordo com as suas observações, sob a influência de marés de sangue na cabeça, muitas pessoas "tornam-se poetas, profetas ou adivinhos", e citou como exemplo que "Marco de Siracusa escreveu muito boa poesia enquanto era maníaco, mas, tendo recuperado, perdeu completamente essa capacidade". Noutra das suas obras, Aristóteles volta novamente ao tema do seu interesse, dizendo que muitos políticos, poetas e artistas famosos "eram em parte melancólicos e lunáticos, em parte misantropos, como Belerofonte". Ainda hoje vemos o mesmo em Sócrates, Empédocles, Platão e outros - e mais fortemente nos poetas. As pessoas com sangue frio e abundante são tímidas e limitadas, enquanto as pessoas com sangue quente são ágeis, espirituosas e faladoras."

Platão também apoiou o seu colega, observando que "o delírio não é de todo uma doença, mas, pelo contrário, o maior dos benefícios que os deuses nos concederam; sob a influência do delírio, as profetisas délficas e dodonianas prestaram milhares de serviços aos cidadãos da

Grécia, enquanto no estado normal eram de pouca utilidade ou completamente inúteis. Muitas vezes acontecia que, quando os deuses enviavam epidemias aos povos, um dos mortais caía num delírio sagrado e, ficando sob a influência da sua profetisa, indicava a cura para essas doenças. Um tipo especial de delírio, excitado pela musa, provoca numa alma simples e pura do homem a capacidade de exprimir numa bela forma poética as façanhas dos heróis, o que contribui para o esclarecimento das gerações futuras". A este respeito, Demócrito fez eco, afirmando diretamente que não podia considerar um verdadeiro poeta uma pessoa que estivesse no seu perfeito juízo.

A impraticabilidade dos génios também foi notada mais tarde. O pensador religioso, matemático e físico francês Blaise Pascal (1623-1662), considerado um dos maiores pensadores do seu século, gostava de dizer que o maior génio beira a loucura completa e, infelizmente, provou este postulado com a sua biografia.

E o literato, lexicógrafo e historiador local francês Gabriel Hécart (1755-1838) publicou em 1823 um livro intitulado: "Stultitiana, ou Breve Bibliografia dos Lunáticos de Valenciennes, compilada por um lunático". Os poemas de Eckard são ainda hoje considerados jóias da poesia e, ao mesmo tempo, obra de um homem num estado mental limite.

Lombroso dá muitos exemplos de génios que se comportam de tal forma que, se fossem pessoas comuns, seriam pelo menos tratados durante muito tempo.

O naturalista francês Leclerc de Buffon, imerso nas suas reflexões, subiu uma vez a um campanário e desceu por uma corda, sem se aperceber do que estava a fazer, e depois não se lembrava de nada.

O grande físico francês André-Marie Ampère só conseguia falar caminhando e movendo todos os seus membros.

Muitos génios tinham expressões faciais muito estranhas que podiam ser confundidas com caretas. Napoleão sofria de uma contração constante do ombro direito e dos lábios, e Pedro, o Grande, quando estava excitado, sofria de espasmos violentos dos músculos faciais.

Lombroso observa também, e com razão, que o estado patológico do cérebro adquire frequentemente manifestações externas: calvície ou cabelos grisalhos precoces, corpo magro, fraca atividade muscular e sexual. Além disso, todos estes sinais físicos característicos dos loucos são frequentemente encontrados nos grandes pensadores. Segur escreveu sobre o escritor, filósofo e historiador francês Voltaire: "A forte magreza prova o quanto ele trabalha, o corpo curvado e exausto dele serve apenas de concha leve, quase transparente, através da qual como que se vê a alma e o génio deste homem. Provavelmente, pode enumerar muitos génios cujo desenvolvimento físico dificilmente pode ser atribuído à norma. O primeiro que nos vem à mente é o académico Sakharov, o inventor da bomba de hidrogénio, que era frequentemente chamado de "dente-de-leão" devido ao seu cabelo grisalho e ao seu físico subtil.

Podemos recordar outro sinal dos génios: relações estranhas com o sexo oposto. E se Miguel Ângelo, por exemplo, dizia que a sua arte substituía a mulher, então Heine, Byron, Goethe, Napoleão, Newton, como nota Lombroso, "com os seus actos provaram algo ainda pior". Podemos recordar a "lista de donjuan" de Pushkin e listas semelhantes de muitos outros génios russos. Um psicólogo ou psiquiatra interpreta muitas vezes como uma anamnese aquilo que uma pessoa comum considera como um namoro ou uma boa sorte, e tem razão.

Podemos também recordar a paixão de Dostoiévski pela roleta (que, aliás, é considerado por alguns, juntamente com Nabokov, um pedófilo latente); a acrimónia patológica de Lermontov; a busca espiritual de Tolstoi; As numerosas esquisitices de Mayakovsky (temendo o contágio, abria as portas com os pés e, se fosse impossível fazê-lo, ficava de pé à espera que alguém saísse); o alcoolismo e a loucura de Yesenin (sobre as suas esquisitices nos seus últimos dias muito foi escrito pelo amigo íntimo do poeta, também poeta, Anatoly Mariengof); a toxicodependência de Vysotsky.... De facto, se investigarmos qualquer génio, encontraremos alguma patologia na sua biografia. Muitas pessoas atribuem, e com razão, o aparecimento destas esquisitices, bem como o talento, às consequências de um desenvolvimento cerebral "errado".

É ainda mais interessante observar como os génios se tornaram inicialmente pessoas bastante comuns. E o impulso para isso foi o trauma cerebral. Giambattista Vico, o maior filósofo italiano do Iluminismo, o criador da filosofia moderna da história, que lançou as bases da antropologia cultural e da etnologia, caiu de uma escada alta em criança e partiu o osso parietal direito. No entanto, não temos provas de que ele não fosse originalmente um génio, mas ele próprio considerava esta queda como a razão do seu talento. Há exemplos mais convincentes: o fraco cantor Gratry, que se movia em teatros de província, após um forte golpe com um tronco na cabeça tornou-se uma estrela de primeira grandeza. É evidente que a contusão não alterou as cordas vocais, que permaneceram intactas, mas apenas a capacidade de as manejar. Assim, a propósito, podemos tirar outra conclusão: tendo encontrado um botão de génio, pode não só aprender a contar rapidamente ou desenvolver a memória, mas também começar a gerir melhor as funções do seu corpo.

Há casos ainda mais surpreendentes: o cientista francês, historiador, beneditino, "pai" da ciência da paleografia e da diplomacia Jean Mabillon (1632-1707), na sua juventude, era completamente demente e, depois de ter sofrido um grave traumatismo craniano, não só ganhou juízo como se tornou uma luz da razão.

Há um caso semelhante na história russa: o Metropolita Macário (Bulgakov) de Moscovo (1816-1882), um famoso historiador e teólogo da Igreja (um famoso prémio ortodoxo tem o seu nome em sua honra e os manuais escritos por ele ainda hoje são ensinados), era uma criança muito doente e estúpida e não conseguia estudar. As outras crianças, vendo a sua fraqueza e subdesenvolvimento, gozavam com ele e perseguiam-no cruelmente, e uma vez, quando os rapazes atiraram pedras ao futuro metropolita, uma das pedras cortou "a concha craniana da sua cabeça, provocando uma hemorragia grave". Surpreendentemente, mas depois disso o rapaz não só descobriu dotes mentais extraordinários, como também melhorou completamente a sua saúde.

Inspirado pelo Universo

É interessante que o próprio processo criativo em muitos génios ocorra num estado que dificilmente pode ser chamado de normal. Como Jürgen Meyer observou corretamente, uma pessoa simplesmente talentosa age de forma estritamente deliberada; sabe como e porque chegou às suas conclusões, ao passo que um génio não tem qualquer consciência disso: a sua atividade criativa é, na maior parte das vezes, inconsciente.

O mesmo Napoleão admitiu que o resultado de muitas batalhas ganhas por ele, muitas vezes dependeu de um único momento, de um único pensamento, que, no início de um momento favorável, "brilhou como uma faísca", e o resultado de tal perceção tornou-se uma vitória.

Os génios dizem muitas vezes que as suas obras são "ditadas de cima" - supostamente, eles próprios não conseguem compreender como nasce a sua criatividade; mas apenas uma pessoa talentosa será sempre capaz de descrever como nasceu esta ou aquela criação - toda a cadeia de pensamentos, planos, realizações.

Quando Haydn escreveu o seu famoso oratório "A Criação do Mundo" e perdeu a inspiração, foi com o rosário nas mãos para a sala de oração, onde invocou a Virgem Maria - depois disso, a inspiração voltou.

Milli, a famosa poetisa italiana, dizia que, enquanto compunha os seus poemas, era como se estivesse a sofrer um ataque epilético: preocupava-se, gritava, cantava, corria de um lado para o outro, completamente inconsciente dos seus actos. Até Goethe escreveu que para o poeta é necessário "um certo estado cerebral", e admitiu que ele próprio compôs muitas das suas obras, como se estivesse num estado de sonambulismo.

O conde Vittorio Alfieri, poeta e dramaturgo classicista italiano, "pai da tragédia italiana", dizia-se um barómetro, de tal forma que a sua capacidade criativa mudava consoante a estação do ano: a partir de setembro, não conseguia resistir ao sentimento que o possuía e teve de criar seis comédias. E no manuscrito de um dos seus sonetos, escreveu: "Acidental. Não era minha intenção escrevê-lo".

Todas as obras de génio", escreveu Voltaire a Diderot, "foram criadas instintivamente. Os filósofos de todo o mundo juntos não poderiam ter escrito Armida Kino ou a fábula "A Peste dos Bichos", que La Fontaine ditou sem saber muito bem o que iria sair dela. Corneille escreveu a tragédia "Horácio" tão instintivamente como um pássaro constrói o seu ninho".

De facto, vemos que o processo criativo do génio pode ser comparado a uma certa perturbação mental, que a própria pessoa é incapaz de controlar. Por exemplo, com a cleptomania, quando uma pessoa abastada rouba coisas de que não precisa, sabendo que pode pagar essa fraqueza com a sua posição e fortuna. Afinal de contas, até o génio muitas vezes sai aos seus donos de lado.

A única coisa que resta à humanidade é tentar separar o excesso de trabalho do cérebro das "más consequências" que o acompanham. Mas será isso possível? Provavelmente não. Assim, o génio permanecerá para sempre um pico inatingível do trabalho cerebral humano. Mas acreditamos que o talento e a capacidade podem ser desenvolvidos. Além disso, este facto foi comprovado por numerosas experiências científicas.

A "Quinta" do Talento "

Há mais de vinte anos, teve início nos Estados Unidos uma experiência global para criar génios. Em 1980, o geneticista Robert Graham, com o apoio de várias fundações e indivíduos, começou a recolher esperma das pessoas mais notáveis do planeta. A maior parte do banco era constituída por dadores - vencedores do Prémio Nobel. Os seus nomes são desconhecidos, mas o vencedor do prémio, o lendário matemático John Forbes Nash, elogiado no filme "Jogos Mentais", admitiu ele próprio que esteve envolvido neste projeto. É provável que

Jonas Salk, um dos criadores da vacina contra a poliomielite, também tenha estado envolvido.

Mas, como se veio a verificar, as mulheres não querem dar à luz génios, estão mais interessadas em que a criança seja bonita e saudável. Esta tornou-se a principal dificuldade do projeto. No entanto, até 1999, nasceram mais de 200 crianças no âmbito do projeto. E, afinal... todas elas tinham os dados mais vulgares, em nada parecidos com os dos pais. O único que poderia ser chamado de génio - Doron Blake, cujo QI era de 180 e que aos dois anos já sabia usar um computador e aos cinco lia Hamlet - após alguns anos de faculdade abandonou a ciência e interessou-se apenas pelo oculto e pelas drogas.

A experiência, apesar de ter sido um fracasso, não deixou de dar alguns resultados: convencemo-nos mais uma vez de que a questão não está tanto nos genes como na estrutura do cérebro, cuja dependência dos genes, infelizmente, não pode ser verificada diretamente.

Como desenvolver o pensamento criativo e tornar-se uma pessoa criativa

Alexander Khayem, licenciado em Harvard e consultor empresarial dos empregados da General Motors, identifica trinta dos factores mais significativos que influenciam diretamente a utilização do potencial criativo das pessoas. Entre os mais importantes, cita o conhecimento dos métodos básicos do pensamento criativo (geração de ideias por associação de palavras, brainstorming) e o estudo constante de literatura especializada.

Um fator importante é a sensação de controlo sobre a situação, que é determinada por uma atitude positiva (trabalhe o seu humor: a depressão é o primeiro inimigo da criatividade) e pela memória de realizações passadas (que deve recordar a si próprio com mais frequência).

A capacidade de aceitar abertamente pontos de vista alternativos é uma das componentes mais importantes do pensamento criativo. Aproveite todas as oportunidades para comunicar com estranhos, especialmente com aqueles de quem não gosta. Interesse-se pela opinião deles sobre questões importantes para desenvolver a tolerância em relação às posições de outras pessoas, a capacidade de seguir o processo de pensamento de outra pessoa (claro que tudo isto se aplica a pessoas próximas de si em termos de capacidade intelectual; não perca o seu tempo com pessoas sem graça). E se tiver sorte e entre os seus conhecidos houver pessoas que alcançaram o sucesso, graças às suas capacidades criativas pessoais, tente comunicar com elas o mais possível. Isto pode aumentar seriamente a sua própria criatividade (a propósito, um empresário de sucesso é uma pessoa que tem, pelo menos, talento criativo, embora possa nem sequer ter consciência disso). Adopte os seus padrões de comportamento, observe como trabalham.

Quanto mais aprender sobre novas pessoas, ideias, livros, filmes, lugares, quanto mais experimentar o mundo em toda a sua diversidade, mais material terá para o pensamento criativo. E não se esqueça que ser demasiado sério e pesado na sua abordagem a novas ideias pode matar a criatividade - de vez em quando, tente tratar as novas tarefas como um jogo divertido do qual pode tirar o máximo partido. Procure pessoas que tenham uma abordagem à vida mais leve do que a sua e, quando tiver um período de estupor criativo, tente socializar com elas o mais possível. Mas, ao mesmo tempo, não se esqueça de perseverar na realização dos seus objectivos. Se está habituado a abandonar as coisas a meio, estabeleça objectivos específicos e com prazos definidos.

Pratique a criatividade nas coisas mais comuns - pense num novo caminho para o trabalho, faça uma nova maquilhagem ou penteado todos os dias (os homens provavelmente não devem praticar esta opção), faça uma nova receita de café todas as manhãs. Ao desenvolver uma abordagem criativa a tudo no mundo, em breve será capaz de gerar facilmente ideias inovadoras no trabalho.

Faça uma autorreflexão - analise como cria, o que faz habitualmente, que objectos, competências ou estratégias utiliza. Quando se aperceber de todos estes factores, altere radicalmente a sua rotina: tente criar mais cedo ou mais tarde do que o habitual, ou em ambientes pouco habituais - a caminho do trabalho, na casa de banho ou à noite. Experimente pôr música ou trabalhar com auscultadores que o isolem do ruído exterior. Veja se a sua produtividade melhora num ambiente diferente. Procure os melhores momentos e as melhores condições para exprimir a sua criatividade.

Não tenha medo dos fracassos criativos - por uma ideia aborrecida ou banal não será fuzilado como traidor da pátria ou enviado para o Gulag. Lembre-se, não está na mesa de operações e pode facilmente dar-se ao luxo de cometer um erro - há uma certa dose de felicidade na própria essência do processo criativo. Não destruirá o projeto - apenas gastará um pouco mais de tempo com ele. Por isso, seja corajoso.

Um truque psicológico simples ajuda a desenvolver o pensamento criativo - imagine-se como uma pessoa que o admira pelo seu talento (um artista famoso, um realizador, uma atriz). Numa situação em que precise de ser criativo, imagine que está reencarnado numa dessas personalidades. Faça uma pergunta a si próprio - como é que ele (ou ela) agiria, o que é que ele (ou ela) faria, como é que ele (ou ela) abordaria o problema. Imite as pessoas criativas e, em breve, tornar-se-á criativo.

CAPÍTULO III. ESTIMULANTES OU ASSASSINOS? CAFEÍNA, ÁLCOOL E DROGAS - COMO AFECTAM O CÉREBRO. SEGREDOS DOS XAMÃS SIBERIANOS

Há muito tempo que o homem pega na chave do seu cérebro, esperando que, com um ligeiro gesto, uma meia volta, possa ajustar este mecanismo complexo para que gere sobre um tema pré-determinado e que esses pensamentos atinjam a sua profundidade e o seu poder.

Oração e meditação

A oração foi a primeira tentativa da humanidade para fazer o cérebro pensar na direção certa. Mesmo nos nossos dias, foram efectuados estudos que demonstraram que, nos estudantes da Academia Teológica e do Seminário, durante a oração, se verificava um enfraquecimento gradual do ritmo das biocorrentes cerebrais até ao predomínio de apenas ritmos delta lentos. Neste caso, a pessoa realmente acordada encontrava-se num estado do chamado sono de ondas lentas. Um tal estado do cérebro ocorre durante a vigília apenas em bebés, e só até aos dois meses: o eletroencefalograma mostrou nos rezadores mais diligentes uma paragem quase completa do córtex cerebral, embora estivessem plenamente conscientes! Curiosamente, quando uma pessoa parava de rezar, o ritmo dos impulsos eléctricos do seu córtex cerebral voltava imediatamente à norma biológica. Este estado, segundo os especialistas, ajuda a destruir as ligações patológicas tanto no cérebro como no organismo, produzindo, em linguagem informática, um reboot. No capítulo anterior, dissemos que, quando Haydn perdia a inspiração, rezava e conseguia voltar a escrever música. O grande compositor simplesmente... sobrecarregou o seu cérebro, limpando a "memória RAM" de padrões desnecessários.

A meditação oriental também está muito próxima da oração cristã. Há muitos tipos de meditação, e nem todos foram completamente investigados. Por enquanto, podemos apenas dizer que o estado atingido em alguns tipos de meditação é algo entre a vigília e a sonolência.

Após uma sessão de meditação, verifica-se uma diminuição da tensão física e mental e um aumento da atividade mental geral. Uma das tarefas da meditação e uma das suas vantagens é uma espécie de "vazio" da mente - um estado que dificilmente pode ser descrito por palavras e que é muito importante para limpar a mente de "modelos". Atualmente, os médicos estão a tentar tratar vários medos psicológicos e dependências com a ajuda da meditação. Tendo em conta que ainda não foi inventada uma panaceia ideal, podemos dizer que este método não é pior do que outros, especialmente porque por vezes tem o efeito desejado.

Uma pequena digressão: uma hormona chamada melatonina desempenha um papel importante na nossa vida. É produzida pela epífise, um corpo pineal situado nas profundezas dos hemisférios cerebrais. Não vamos entrar em terminologia e pormenores científicos, mas apenas dizer que a melatonina desempenha uma série de funções muito importantes no nosso organismo:

- regula o sistema endócrino;
- retarda o processo de envelhecimento;
- aumenta a eficácia do sistema imunitário;
- tem propriedades antioxidantes;
- normaliza e restabelece um sono reparador;
- elimina e atenua os efeitos do stress.

Também, o que é mais interessante no contexto deste livro, regula a função cerebral e melhora o desempenho. A melatonina é também conhecida como a "hormona da felicidade".

Provavelmente já se apercebeu que, se o corpo não tiver esta hormona, a pessoa fica mais suscetível ao stress, o seu sono é perturbado e muitos processos no corpo funcionam mal. Mas, como descobriram os investigadores franceses, é possível fazer com que o corpo produza melatonina. Para isso, é necessário rezar. A investigação levada a cabo pelos cientistas franceses baseou-se na leitura da chamada Oração de Jesus, que era recitada exatamente como mandavam os primeiros mestres do cristianismo: ao inspirar, deveria ser dito "Senhor Jesus Cristo, Filho de Deus...", ao expirar "...tem piedade de mim, pecador!". Aliás, esta mesma oração foi também lida por seminaristas russos, a pedido de académicos russos. A questão aqui, como afirmam os investigadores, não está nas palavras pronunciadas, mas no estado em que o cérebro cai ao recitar esta breve fórmula de acordo com certas regras.

O importante é que a oração não seja lida mentalmente, mas em voz alta. E isto não é por acaso: a investigação moderna demonstrou que a mastigação estimula o hipocampo, a área do cérebro responsável pela assimilação e armazenamento de informação. É evidente que a respiração é regulada por uma razão: um fornecimento constante de oxigénio ao cérebro tem um efeito positivo nos processos de pensamento.

Reparem como é interessante: escrevemos que "os cientistas franceses fizeram uma descoberta", mas na verdade esse efeito da oração já era conhecido pelos nossos antepassados há muitos séculos!

Mantras semelhantes em ação à Oração de Jesus podem ser encontrados no Budismo, no Hinduísmo e noutras religiões. São a primeira forma inventada pelo homem para influenciar o cérebro. Bastava concentrar-se um pouco, dizer as palavras queridas, e a psique acalmava-se imediatamente, os processos de pensamento eram activados e a eficiência aumentava. Mas uma pessoa queria sempre mais. Bem, poder-se-ia pensar que começava a pensar de forma um pouco mais produtiva, mas se o poder do cérebro aumentasse várias vezes ao mesmo tempo!

E a humanidade virou-se para a química. Nessa altura, ainda não conheciam a química, mas podiam colher várias plantas mesmo debaixo dos seus pés. Qualquer pessoa já ouviu falar de ginseng, eleutherococcus ou erva-limão - os estimulantes cerebrais mais populares.

E também tentamos estimular-nos todos os dias com métodos muito simples: com chá e café, e alguns também com tabaco.

O chá verde é conhecido por ter o melhor efeito em todo o corpo e no cérebro. Recentemente, o chá mate tornou-se popular, pois contém uma grande quantidade de vitaminas e aminoácidos e tem a capacidade de concentrar a atenção e melhorar a memória a curto prazo. Mas muitas pessoas não recomendam o consumo de café: apesar do forte estímulo, o efeito desta bebida é de curta duração, e o impulso é rapidamente substituído por um longo declínio.

O principal componente destas bebidas que nos afecta é a cafeína.

Cafeína

Em medicina, a cafeína é conhecida como trimetilxantina. Trata-se de um pó branco cristalino com um sabor muito amargo. É utilizada como estimulante cardíaco e diurético. E, claro, para induzir o aumento da atividade. A cafeína é essencialmente uma droga fraca. Afecta o cérebro da mesma forma que os seus colegas "mais velhos", e é muito fácil ficar viciado em café. Embora, como é óbvio, tanto a dependência como a abstinência em caso de recusa sejam apenas uma pálida sombra de consequências semelhantes quando se consome cocaína ou heroína.

Existem 90 a 200 miligramas de cafeína numa chávena de café moído, 30 a 70 miligramas numa chávena de chá e 30 a 45 miligramas por copo em várias colas (Pepsi, Coca-Cola, etc.).

A cafeína faz com que o cérebro liberte uma substância chamada adenosina, que se liga aos receptores, causando sonolência e abrandando a atividade das células nervosas. Também faz com que os vasos sanguíneos do cérebro se dilatem para que o cérebro possa absorver mais oxigénio durante o sono. Mas o problema é que os receptores confundem a adenosina com a cafeína e, assim que a cafeína se junta ao recetor, a adenosina deixa de ter lugar e o cérebro, privado de um travão natural permanente, começa a "acelerar". Quando os vasos sanguíneos deixam de se dilatar, a hipófise, vendo que algo de estranho se passa no cérebro, decide que a razão para isso são algumas circunstâncias das quais é melhor prevenir-se, e uma hormona vai para a corrente sanguínea, obrigando as glândulas supra-renais a gerar adrenalina, o que coloca o corpo num estado de "prontidão para o combate". As pupilas dilatam, permitindo ver melhor, a respiração torna-se mais rápida, fornecendo oxigénio em excesso, o ritmo cardíaco aumenta para destilar mais rapidamente o oxigénio recebido nos músculos. O fígado liberta açúcar na corrente sanguínea para fortalecer os músculos. Algo semelhante acontece com o nosso cérebro: os vasos sanguíneos dilatam-se, a saturação de oxigénio aumenta e o cérebro está pronto para reacções rápidas e tarefas múltiplas.

Mas, rapidamente, o organismo "percebe" que não está a acontecer nada de terrível, a libertação de adrenalina pára, vem o desânimo e o cansaço, embora, ao que parece, ainda não tenhamos conseguido fazer nada.

Aproximadamente a mesma reação é acompanhada pelo uso de chá, mas apenas com a exceção de que o chá tem menos cafeína, e a própria reação, bem como a "retirada" depois dela, é mais fraca.

Estes estimulantes dão, de facto, uma ligeira vantagem ao nosso cérebro, mas, infelizmente, por um período muito curto. O preço deste impulso é uma perda de energia, quando talvez o trabalho ainda não tenha sido feito e as tarefas ainda não tenham sido concluídas.

Um padrão semelhante ocorre quando o cérebro é estimulado pelo tabaco. Quando a nicotina chega ao cérebro, actua em determinados grupos de neurónios, activando os receptores de acetilcolina na ausência da própria acetilcolina. O cérebro começa a libertar uma série de substâncias, nomeadamente noradrenalina e serotonina. A noradrenalina aumenta a pressão arterial, aumenta a frequência cardíaca e respiratória, aumenta a concentração e o desempenho. A serotonina dá estabilidade emocional, o que ajuda a concentrar-se sem ser distraído por pensamentos estranhos. O cientista soviético A. E. Shcherbakov realizou um estudo em grande escala e provou que pequenas doses de nicotina aumentam a excitabilidade do córtex cerebral, mas por um período muito curto, e depois deprimem e esgotam a atividade das células nervosas.

Nootrópicos

Recentemente, surgiram vários medicamentos, os chamados nootrópicos, ou estimulantes neurometabólicos, cujos efeitos são muito mais prolongados e os efeitos nocivos da sua utilização são muito menores. Pelo menos, é o que dizem os médicos.

O próprio termo "nootrópico" é composto do grego νσυζ - mente e τρσπή - mudança. Surgiu em 1972 para descrever os efeitos do piracetam. Mais tarde, foram observados efeitos semelhantes com outras substâncias.

O piracetam, atualmente conhecido sobretudo pelo seu nome comercial "nootropil", foi sintetizado por farmacologistas belgas em 1963. Tal como os psicoestimulantes, melhora o desempenho mental, mas não tem os efeitos secundários inerentes a outros psicoestimulantes.

Atualmente, foram sintetizados mais de dez medicamentos nootrópicos originais da série das pirrolidinas, em fase de ensaios clínicos ou já registados em vários países. São eles o oxiracetam, o aniracetam, o rolziracetam, o etiracetam, o detiracetam, o pramiracetam, o nefiracetam, o dupiracetam, o cebracetam e o izacetam. Estes medicamentos nootrópicos têm o nome genérico de "racetams".

O cérebro ainda não foi totalmente explorado e não é possível afirmar nada com toda a certeza, mas presume-se que, embora os nootrópicos não tenham um único mecanismo de ação, os seus efeitos podem dever-se, entre outras coisas, a um efeito direto nos neurónios, melhorando o fluxo sanguíneo cerebral e a microcirculação no cérebro.

Pensa-se que os estimulantes neurometabólicos têm um efeito nootrópico (ou seja, melhoram o raciocínio, a atenção, o pensamento e a fala) e um efeito mnemotrópico (ou seja, influenciam a memória e aumentam a capacidade de aprender novos materiais).

Os nootrópicos têm também propriedades negativas: o seu efeito estimulante sobre a atividade mental pode ser acompanhado de agitação motora e da fala, de inquietação e de perturbações do sono. Por vezes, desenvolve-se um comportamento aditivo, o que não é surpreendente para os consumidores de café e de cigarros.

Recentemente, tem havido muita discussão na sociedade, incluindo nos círculos médicos, sobre a possível utilização de nootrópicos por pessoas saudáveis. Uma coisa é quando estes medicamentos são utilizados para melhorar a memória de vítimas de AVC ou de pessoas com atraso mental. Outra coisa é quando uma pessoa quer simplesmente "ativar" o seu cérebro sem se aperceber das possíveis consequências a longo prazo da utilização de nootrópicos. Estes meios já foram apropriadamente apelidados de "Viagra para o cérebro" e, tal como no sexo, há aqui um problema ético. Leon Kass, diretor do Conselho de Bioética do Presidente dos Estados Unidos e filósofo moral, considera que "em áreas da vida humana em que as pessoas até agora só obtiveram sucesso através da disciplina e da dedicação, os avanços conseguidos através de comprimidos, da engenharia genética ou de transplantes técnicos cheiram a fraude ou a barateza.

Muitos cientistas concordam com ele. Jerome Yesavage, da Universidade de Stanford, e Peter Whitehouse, da Universidade Case Western Reserve, efectuaram um estudo completo sobre os efeitos do donepezil, um dos muitos medicamentos para travar a perda progressiva de memória na doença de Alzheimer, nas capacidades profissionais dos pilotos. Os participantes na experiência foram divididos em dois grupos. Um grupo tomou o medicamento e o outro grupo tomou apenas um placebo, ou seja, bonecos. Ambos os grupos tinham de efetuar em simuladores as manobras mais complexas e responder simultaneamente a situações anómalas que surgiam periodicamente. Após um mês, aqueles que tomaram o medicamento regularmente começaram a ter um desempenho significativamente melhor.

Yesavage sugere que, quando se provar definitivamente que pessoas intelectualmente competentes podem melhorar as suas capacidades mentais com drogas químicas, surgirão sérias questões legais, administrativas e éticas. De facto, será mais conveniente para os empregadores contratar aqueles que se animam com comprimidos em vez de café. A corrida aos medicamentos vai começar e é difícil prever o seu fim. Mas é seguro dizer que o mundo está de novo à beira de uma grande redistribuição, semelhante à que levou as mulheres que antes ficavam em casa para o local de trabalho. Mas o aspeto moral não é assim tão simples.....

Mas é possível que os governos, temendo as consequências, proíbam as pessoas de "aumentar" quimicamente o seu cérebro. Afinal, uma história semelhante já aconteceu com o uso da cocaína.

Calma!

Há milhares de anos, os índios descobriram um método espantoso de estimulação - punham umas folhas de coca, um torrão de cal nas bochechas - e isso saciava-lhes rapidamente a fome, tornava-os menos sensíveis ao frio das altas montanhas e, claro, levantava-lhes o ânimo. É claro que, com este tipo de estimulação diária, a esperança média de vida dos índios era de cerca de trinta e cinco anos e, mesmo nessa idade, já pareciam velhos profundos.

Tendo-se apercebido desta dependência, os próprios índios começaram a impor várias restrições ao uso da folha de coca. No Império Inca, por exemplo, a coca passou a ser privilégio dos "filhos do sol", ou seja, da classe dominante, e em algumas etnias o seu uso adquiriu um significado sagrado e passou a ser prerrogativa dos feiticeiros.

Os espanhóis que chegaram rapidamente apreciaram o "divertimento" dos índios e começaram também a consumir as folhas. Também davam coca aos escravos para aumentar a produtividade do seu trabalho. Por exemplo, nas minas de prata de Potosí (Bolívia), o mercado da coca tinha um volume de negócios anual de 1 milhão de pesos, mas a comida e o vestuário eram vendidos por apenas 400.000 pesos por ano. Mas já em 1576, o Concílio de Roma proibiu a "poção do diabo" e o rei Filipe II de Espanha promulgou leis severas contra o uso da coca.

Alguns séculos mais tarde, a coca ressurgiu do esquecimento de uma forma bastante invulgar: em 1863, M. Angelo Mariani criou um novo vinho que se tornou um sucesso estrondoso. De acordo com vários relatos, este vinho foi servido nas mesas de muitas pessoas famosas e influentes da época, incluindo o Papa. Juntamente com outros ingredientes, o vinho continha essência de folha de coca. Rapidamente caiu em parte na proibição, em parte fora de moda e, devido a estas circunstâncias, foi esquecido. Mas em 1885, um farmacêutico dos Estados Unidos, John Smith Pamberton, inventou um remédio para a dor de cabeça cujos ingredientes principais eram o álcool e - mais uma vez - folhas de coca. O álcool foi rapidamente substituído por água gaseificada, e a bebida começou a ser vendida em muitas farmácias americanas. Foi então adquirida uma patente para embalar coca-cola em garrafas e o medicamento começou a sua marcha à volta do mundo como um refrigerante. No entanto, rapidamente a coca foi retirada, transformando a droga numa limonada.

Um ano antes da invenção de Pamberton, em 1884, Sigmund Freud recomendou aos seus pacientes que tomassem cocaína para aliviar a tensão nervosa e a fadiga.

O "pó mágico" conquistou rapidamente o mercado mundial e só um amplo debate na imprensa levou à sua proibição em 1912. De facto, a cocaína pode ser reconhecida como o primeiro estimulante químico a aparecer no mercado.

A história da estimulação da droga

O homem nem sempre procurou dar ao seu pensamento uma clareza e uma precisão absolutas. Muito frequentemente, pelo contrário, as pessoas procuraram meios para obscurecer o seu pensamento, para se desligarem dos estímulos circundantes e para atingirem um novo nível.

Não vale a pena falar de drogas, que infelizmente estão a tornar-se cada vez mais populares hoje em dia, é muito mais interessante falar sobre a origem da tradição da estimulação e da intoxicação com drogas.

As sementes de papoila do ópio são frequentemente encontradas entre os resíduos alimentares em povoações da Idade da Pedra na Europa. Também foram encontrados restos de várias plantas narcóticas durante escavações noutras partes do mundo. Muitas pessoas perguntam de imediato: se não havia proibição de drogas na antiguidade, porque é que a toxicodependência não surgiu e a humanidade morreu antes de ter nascido?

Tudo é elementar: a vida não era tão simples como é hoje, e uma pessoa que tomasse uma droga sabia que, sob a sua influência, se arriscava a não ver o abismo, a perder-se na floresta, a cair nas presas de um animal predador ou na lança de um inimigo. A seleção natural não estava adormecida e a toxicodependência em massa não estava destinada a desenvolver-se no cruel mundo primitivo. Mas já nos tempos relativamente prósperos da Antiguidade, Plínio, o Velho (24-79 a.C.) não se cansava de avisar os seus concidadãos: "a morte espera aquele que abusa do ópio".

O comum dos mortais não tinha acesso às drogas, e várias ervas e sementes com efeitos especiais eram utilizadas pelos herboristas para curar os doentes ou pelos sacerdotes para comunicar com os deuses. Observou-se que as drogas não só proporcionavam um estado de espírito alegre, como também tinham um efeito estimulante. Na China antiga, durante o período Yin (séculos XXI/XVI-II-XI a.C.), o imperador Sheen Shung aconselhou os seus súbditos a tomarem uma infusão de cannabis como chá revigorante e como remédio para a distração.

Na história europeia, as primeiras Cruzadas (séculos X-XII) e a viagem do mercador veneziano Marco Polo (1271-1295) marcaram uma viragem nas atitudes em relação às drogas. Foi nessa altura que o haxixe e o ópio chegaram à Europa. Este último assumiu uma posição de destaque entre os medicamentos mais utilizados.

O ópio surgiu na Rússia em 1581, quando foi aberta a primeira farmácia real em Moscovo, dirigida pelo inglês James French. O ópio era utilizado principalmente como anestésico ou comprimido para dormir. Mas no século XIX, o ópio tornou-se um tratamento para doenças mentais e alcoolismo. O Professor Spassky, por exemplo, recomendou em 1883 que os "bêbedos amargos" fossem tratados para a febre branca de acordo com o método do Dr. Pauli, ou seja, de manhã, dar ao doente uma pequena dose de vodka e, à noite, um a dois gramas (um grama equivale a 64,8 mg) de ópio em extrato e esfregado com pomada, também infundida com ópio.

É claro que muito cedo apareceram os dependentes de opiáceos e começaram a ser tratados com morfina extraída do ópio, que, como se acreditava, não causava dependência. Houve controvérsias sobre este assunto ao longo do século XIX, mas já em 1898, o famoso médico Charles Richet escrevia que "as crianças não se habituam à morfina, e as doses pequenas dão um efeito maior; nos utilizadores habituais e as doses colossais não dão um efeito tóxico.

No entanto, a cocaína depressa se tornou a cura para o alcoolismo, a dependência de opiáceos e o morfinismo. E depois a heroína, inventada na viragem do século, tornou-se a cura.

O haxixe também não desapareceu. Muitos escritores, poetas, artistas e jornalistas famosos do século XIX viam-no como um poderoso estimulante da criatividade. Charles Baudelaire, Théophile Gautier, Alexandre Dumas-pai, Gustave Flaubert eram membros efectivos do "Clube dos Cabeças de Haxixe" que existia em Paris.

Já no século XX, o investigador de drogas e famoso escritor Aldous Huxley escreveu em Drugs That Shape People's Minds: "O problema da dependência de drogas e do consumo excessivo de álcool não é apenas uma questão de química e psicopatologia, de libertação da dor e de conformidade com uma sociedade má. É também um problema de metafísica - um problema, quase, poder-se-ia dizer, de teologia." E tem razão, quanto mais não seja pelo facto de os efeitos das drogas no cérebro estarem originalmente muito ligados, como dissemos acima, a vários cultos religiosos.

Através da utilização de diferentes tipos de drogas, sobretudo psicadélicas, os sacerdotes podiam falar com os deuses. Ou, pelo menos, pensavam que o estavam a fazer. A ação dos psicadélicos consiste em desligar os filtros que filtram os pormenores que o estado normal de consciência considera desnecessários (já falámos sobre isto no capítulo sobre génios e autistas, quando discutimos se é possível encontrar um botão que faça de uma pessoa um génio). Os psicadélicos clássicos são o LSD e a mescalina. Os efeitos da mescalina, contida no cato peiote, foram descritos em pormenor por Aldous Huxley, e a prática do seu uso sagrado pelos xamãs indianos foi descrita nos seus livros por Carlos Castaneda. Castaneda afirmou que, em 1960, conheceu o feiticeiro indiano Don Juan e, até à morte deste último, recebeu lições de magia baseadas nas tradições dos índios do antigo México.

O LSD foi produzido pela primeira vez em 1938 pelo químico suíço Albert Hofmann, mas as suas propriedades psicotrópicas só foram descobertas acidentalmente em 1943. Hofmann sonhava em tratar a esquizofrenia com LSD, mas muitos cientistas não acreditavam que as psicoses psicadélicas e esquizofrénicas fossem idênticas. A teoria de Hofmann foi refutada, mas no início dos anos 50, todas as instituições psiquiátricas importantes do mundo estavam a realizar experiências em seres humanos e animais. No entanto, muitos acreditam que a investigação não foi concluída: o LSD tornou-se demasiado difundido entre os jovens e foi proibido.

Atualmente, a questão do levantamento da proibição do LSD e do reinício da investigação é cada vez mais levantada nas revistas médicas científicas. De acordo com muitos investigadores, entre os quais Stanislav Grof é o mais conhecido, o uso de LSD pode conduzir a efeitos psicoterapêuticos significativos, ao alívio de enxaquecas, ao tratamento do alcoolismo e a outros resultados terapêuticos positivos.

As substâncias psicadélicas podem causar sinestesia (quando a irritação de um órgão sensorial produz simultaneamente sensações correspondentes ao outro órgão sensorial, por exemplo audição colorida, olfato colorido, farfalhar de odores), sensações de medo, depressão e, quase em simultâneo, de euforia, transições abruptas de um estado para outro, alucinações auditivas e visuais, vivências vívidas de acontecimentos passados (sobretudo da primeira infância e da infância), perturbação temporal e espacial da perceção do mundo, capacidades extraordinárias ilusórias (por exemplo, ilusão de telepatia).

Apesar de algumas universidades e fundações ocidentais continuarem a fazer investigação sobre substâncias psicadélicas apesar da proibição, ainda é muito cedo para tirar conclusões. Se os psicadélicos forem autorizados, será a nossa oportunidade de descobrir um outro lado da consciência humana.

William James, em The Varieties of Religious Experience, escreveu: "O poder do álcool sobre a humanidade deriva, sem dúvida, da sua capacidade de estimular as propriedades místicas da natureza humana, normalmente pregadas ao chão pelos factos frios e pela crítica seca da hora sóbria. A sobriedade diminui, desune e diz não. A embriaguez alarga, une e diz sim... Por um momento, torna-nos unos com a verdade. Não é por mera perversidade que os homens a procuram... A consciência intoxicada é apenas uma parte da consciência mística, e a nossa opinião geral sobre ela deve encontrar o seu lugar na nossa opinião sobre esse todo maior."

E mais uma citação interessante: "A nossa consciência normal ou, como lhe chamamos, racional, representa apenas uma das formas de consciência, havendo outras formas, completamente diferentes desta, que existem ao seu lado, separadas dela apenas por uma ténue divisória".

Se a ciência consegue ultrapassar esta divisória, isso depende dos políticos.

CAPÍTULO IV. "DOENÇAS MENTAIS" - OU O CÉREBRO ESTÁ SIMPLESMENTE SINTONIZADO NA "ONDA DO OUTRO"?

Uma das grandes esperanças do século XX - a cura da esquizofrenia com substâncias psicadélicas - falhou, infelizmente. A doença continua a não poder ser tratada.

Mas será a esquizofrenia uma doença?

Entre as variedades de génio, existe o génio esquizofrénico. Na prática, é considerado como uma doença mental que pode transformar-se, com o tempo, numa perturbação mental profunda. Por exemplo, muitos membros da família de Charles Darwin tinham esquizofrenia. E um dos maiores matemáticos do século XX, vencedor do Prémio Nobel da Economia em 1994, John Forbes Nash, Jr., contraiu esquizofrenia aos trinta anos, foi internado involuntariamente num hospital psiquiátrico privado nos subúrbios de Boston e sujeito a tratamento químico. Libertado com a ajuda do seu advogado, viajou para a Europa e tentou procurar asilo político nesse país, mas foi extraditado de volta para os EUA. O seu estado de saúde agravou-se e, por vezes, pode dizer-se que Nash não estava presente no mundo das pessoas razoáveis. Mas no início dos anos 80, a saúde do matemático começou a melhorar e, atualmente, considera-se quase completamente saudável.

"Uma mente dividida."

A esquizofrenia (do grego σχίζω - "divisão" + φρήν - "razão") é uma perturbação mental caracterizada por anomalias na perceção da realidade ou do seu reflexo. Os sintomas são mais frequentemente alucinações auditivas, delírios paranóicos ou fantásticos, ou discurso e pensamento desorganizados, num contexto de disfunção social significativa ou perda de desempenho. Entre os factores patogénicos contam-se a predisposição genética (o filho de Nash, aliás, está gravemente doente), as condições de vida na primeira infância, as perturbações neurobiológicas, as dificuldades de interação psicológica ou social. Mas, em princípio, os sintomas e as causas desta doença são tão diferentes que alguns especialistas definem a esquizofrenia como várias doenças diferentes, que nós, ignorantemente, reduzimos a uma só.

O diagnóstico da esquizofrenia é muito pouco fiável e inconsistente, e ainda não existe um teste clínico claro. David Rosenhan realizou um estudo em 1972 que resultou num artigo na Science intitulado "On Normal People in Abnormal Places", que provou que as pessoas normais em circunstâncias invulgares se comportam de forma quase idêntica aos esquizofrénicos.

Há muito tempo que existe um movimento "anti-psiquiatria", cujos defensores atingiram o auge na década de 1960. O psiquiatra Thomas Sas considera que os doentes psiquiátricos não são doentes, mas sim indivíduos originais (com pensamentos e comportamentos não convencionais) que são um incómodo para a sociedade. Na sua opinião, em princípio, não existe "esquizofrenia", mas apenas uma construção social baseada nas ideias da sociedade sobre o normal e o anormal: "A esquizofrenia é definida de forma tão vaga que, na realidade, o termo é frequentemente aplicado a quase todos os tipos de comportamento que não são **do agrado dos** outros".

Sas, ao contrário dos "anti-psiquiatras", não se opõe ao tratamento da esquizofrenia, mas sublinha que este só deve ser efectuado com o consentimento do doente. Este ponto de vista é partilhado por vários psiquiatras ocidentais proeminentes que acreditam que os sintomas do que é comummente referido como doença mental são frequentemente *reacções às exigências impossíveis impostas pela vida social ou familiar a alguns indivíduos hipersensíveis*.

Em 1956, surgiu uma teoria da esquizofrenia em que o aparecimento desta perturbação era atribuído às consequências da exposição de uma pessoa a informações diferentes ou contraditórias. Julian Jaynes, que já mencionámos no início do nosso livro, na sua obra "The Origins of Consciousness in the Destruction of the Two-Chambered Psyche" (As Origens da Consciência na Destruição da Psique de Duas Câmaras), sugeriu que, antes do início do tempo histórico, a esquizofrenia ou uma condição semelhante era a norma da consciência humana. De acordo com a sua teoria da "mente de duas câmaras", um estado de baixa afetividade, adequado para acções rotineiras, pode ser interrompido em momentos de crise pelo aparecimento de "vozes misteriosas" que dão instruções, que na antiguidade as pessoas consideravam ser o conselho dos deuses.

Até hoje, muitas tribos escolhem como xamãs pessoas que, do ponto de vista médico, têm esquizofrenia: ouvem vozes, viajam para mundos paralelos, etc. No entanto, de acordo com alguns investigadores, estas pessoas não estão doentes, mas podem simplesmente induzir estados que dão um quadro clínico completo de esquizofrenia.

Se isto for verdade, podemos assumir que é possível uma pessoa saudável "mudar" o seu cérebro para uma perceção esquizofrénica da realidade e depois voltar ao normal. Assim, podemos assumir que é possível "mudar" o cérebro de um doente esquizofrénico de forma semelhante. Consequentemente, também é possível passar do funcionamento normal da consciência para a consciência de "génio" (é possível que as capacidades dos xamãs se tornem a chave para a cura da esquizofrenia!)

O termo "esquizofrenia" é muitas vezes mal interpretado como "dupla personalidade".

Embora alguns doentes ouçam vozes e até as percepcionem como personalidades separadas, na esquizofrenia **não se verifica qualquer alteração da personalidade**. Este facto é bastante raro e cientificamente curioso.

Os cinco "I's" no corpo de Miss Fisher

Muitos psicólogos acreditam que existem pelo menos duas personalidades na mente de cada um de nós. Já disseram a qualquer pessoa: "é como se tivéssemos sido trocados" ou "é como se tivéssemos duas pessoas diferentes a viver dentro de nós". Embora estas frases sejam normalmente proferidas sem qualquer reflexão, estão muito mais próximas da realidade do que se poderia supor.

Recordamos que o córtex cerebral está dividido em dois hemisférios, cujas funções são muito diferentes. O hemisfério direito é responsável pelo pensamento figurativo e o hemisfério esquerdo pelo pensamento lógico. De facto, trata-se de duas personalidades - o cínico e o romântico, o sonhador e o pragmático.

Poucas pessoas têm estas duas personalidades em perfeito equilíbrio, normalmente uma delas está reprimida e só é libertada quando a outra se solta por algum motivo. Por exemplo, uma pessoa bem sucedida e cheia de energia, quando a sua personalidade principal dorme, em sonhos pode sofrer de fracassos e insucessos, medos e complexos. Ou a pessoa mais bondosa e inteligente, que vale a pena "demasiado", transforma-se num insolente rude e malicioso.

Provavelmente, cada um de nós já se deparou com algo semelhante ou até observou tais transformações.

Mas acontece que não são necessárias razões para a manifestação de personalidades interiores. Por exemplo, Helena Petrovna Blavatsky (1831-1891), que lançou as bases da Teosofia e escreveu muitos livros, acreditava que alguns seres superiores, mahatmas, ditavam esses livros à sua consciência. Em uma carta à sua amiga N. A. Fadeeva, Blavatsky disse "Pensem só que eu, que não estudei exatamente nada na vida, eu, que nem sobre química, nem sobre física, nem sobre zoologia - como é, não fazia ideia - agora escrevo dissertações sobre tudo isto. Entro em disputas com cientistas e saio vitoriosa..." Em Blavatsky, segundo ela, "entraram" as mais diferentes personalidades. Uma dessas personalidades era um estilista brilhante, um mahatma absolutamente letrado, com letra caligráfica. Outra personalidade escrevia de forma desordenada, com muitos erros, obrigando Blavatsky a comportar-se mal - a dizer palavrões, a mostrar intolerância e assim por diante. Naturalmente, estas coisas têm um grande impacto na saúde mental, e Blavatsky sofria de doenças mentais, que, no entanto, não a impediram de trabalhar frutuosamente durante o resto da sua vida.

E o caso clássico mais famoso de dupla personalidade é a história de Miss Christine Besham. No corpo, ou melhor, no cérebro desta rapariga viviam quatro personalidades distintas, que diferiam umas das outras não só no carácter, mas também na saúde, no nível de conhecimento e nas memórias. Eram elas "a desagradável Sally", "Besham, a medrosa", "Besham, a sincera" e "Margaret". Sally tinha o dom de hipnotizar outros "eus", controlando-os e muitas vezes atormentando-os. Colocava sapos e aranhas em vários sítios, por exemplo, para que as outras Miss Beshams, ao descobrirem-nos de repente, passassem uns minutos desagradáveis. Ou, por exemplo, uma vez apanhou o último autocarro da cidade, saiu na última paragem e "foi-se embora", deixando no seu lugar uma "Besham medrosa", que, a tremer, teve de voltar a pé para a cidade.

O Dr. Morton Prince, o psiquiatra que observou Miss Besham e a descreveu na literatura médica, há muito que tentava fundir as quatro personalidades numa só, mas Sally opunha-se obstinadamente, dizendo que era um espírito e que não podia fundir-se com ninguém. O médico teve de "banir" Sally, e então as três personalidades restantes fundiram-se numa só Miss Besham.

Outro caso é o de Doris Fisher, que tinha cinco "eus" distintos, conhecidos como "True Doris", "Sick Doris", "Sleepy Doris", "Margaret" e "Sleepy Margaret". Era a "Margarida" que era a pregadora de partidas - gostava de roubar qualquer coisa, preparando tudo para que a "Dóris Verdadeira" fosse suspeita do roubo. Vestia o seu melhor vestido e saltava ao rio, ou arranhava o corpo com sangue para que só a "Dóris Verdadeira" sentisse a dor.

O médico - Walter Franklin Prince, homónimo do seu colega, tentando compreender esta história, chegou à conclusão de que este caso não se assemelhava de todo a "projecções do subconsciente". Decidiu que havia uma entidade "não-física" vinda do exterior que tinha subjugado o próprio eu de Doris Fisher.

Prince dirigiu-se a James Hislop, um professor de lógica e ética da Universidade de Columbia que tinha dedicado muito tempo ao estudo da histeria, das personalidades divididas e coisas do género. Também ele nada pôde fazer e, então, foi chamado um médium. Por estranho que pareça, com a sua ajuda, a rapariga ficou curada. A "entidade estrangeira" foi banida.

Os "doppelgangers" podem viver no mesmo corpo durante anos e décadas e, em muitos casos, durante toda a vida do doente. Curiosamente, há sempre um "duplo" principal, mas esse papel passa de uma personalidade para outra, muitas vezes através de intrigas e outras "guerras".

A inversão de papéis ocorre geralmente quando uma pessoa desmaia e, ao acordar, torna-se uma pessoa diferente, normalmente sem se lembrar da sua "encarnação" anterior e, muitas vezes, sem sequer se aperceber de que nela coexistem várias personalidades.

Como não voltar a lembrar-se da terminologia informática - foi apenas um "reinício do sistema com outro utilizador". E o novo utilizador não consegue descobrir o que se passava com o mesmo computador há cinco minutos, que programas foram lançados, o que foi alterado... Imagine como funciona o cérebro nestes casos: uma pessoa está, se é que se pode dizer assim, sã e sóbria, consegue manter uma conversa, navegar no tempo e no espaço, fazer algum trabalho... Mas apenas esse trabalho, que é treinado pela personalidade, que neste momento controla o corpo. Todas as suas memórias, hábitos, habilidades pertencem à personalidade "acordada", e ele pode não ter a menor ideia do resto.

O dispositivo de um computador real é bem conhecido, mas a forma como o cérebro do computador funciona, infelizmente, não é clara, e a essência do fenómeno dos "doppelgangers" ainda não foi resolvida.

Variações de personalidade

Os médicos acreditam que, na dupla personalidade, a integridade do "eu" humano, sob a influência do stress emocional ou de outras razões, é quebrada em pedaços. A pessoa como que diz: "Não fui eu", "não me aconteceu". E a linha de falha corre ao longo dos locais mais vulneráveis, que podem ser, por exemplo, ambições não realizadas, desejos há muito reprimidos, traumas de infância e assim por diante. E então, uma pessoa em que cada traço era equilibrado pelo seu oposto, por exemplo, generosidade - ganância e assim por diante, transforma-se em várias personalidades em que estes traços de carácter são privados de contrapesos.

A perturbação da personalidade bifurcada é conhecida cientificamente como perturbação dissociativa da identidade. O seu diagnóstico requer a "presença" na psique do doente de pelo menos duas personalidades, cada uma das quais controla regularmente o comportamento do indivíduo, e uma perda de memória que ultrapassa o esquecimento normal, designada pelo termo "switching". Estes sintomas são geralmente completamente independentes de qualquer abuso de substâncias (álcool ou drogas) ou de uma condição médica geral.

Muitos doentes com perturbação dissociativa tentam esconder os seus sintomas (e a doença começa geralmente na infância), pelo que alguns indivíduos permanecem crianças. A primeira observação médica deste tipo de perturbação é de Paracelso, que em 1646 descreveu o caso de uma mulher anónima que afirmava que alguém lhe roubava dinheiro. O ladrão, como se veio a verificar, era a sua segunda personalidade, de cujas acções a primeira personalidade não se lembrava.

Em 1784, o Marquês de Puissegur, aluno de Franz Anton Mesmer, um dos fundadores da hipnose, hipnotizou o seu empregado Victor Ras até ao estado sonambúlico, mas Victor permaneceu acordado durante o sono. Quando acordou, não se lembrava do que tinha feito no estado alterado de consciência, ao passo que no segundo estado conservava uma memória completa dos factos que lhe tinham acontecido em ambos os estados de consciência.

Em 1791, Eberhard Gmelin descreveu o caso de uma rapariga alemã de 21 anos que manifestava uma segunda personalidade que falava francês e se dizia aristocrata francesa hereditária. O fenómeno deste caso é que a própria alemã não sabia francês.

Estes casos foram descritos por médicos em numerosas ocasiões. Em 1888, os médicos Burroux e Burro publicaram um livro intitulado "Variações da Personalidade", onde falavam de um certo Louis Vivet, no qual coexistiam seis personalidades diferentes. Cada uma delas tinha as suas próprias memórias individuais, ligadas a um período específico da vida de Louis. Com base nestas observações, o investigador Pierre Janet introduziu o conceito de "dissociação" e sugeriu que estas personalidades eram centros psíquicos coexistentes no corpo de um só indivíduo.

Em 1899, foi descrito um caso ainda mais interessante. Theodore Flournoy, no seu livro "Da Índia ao Planeta Marte: um caso de sonambulismo com línguas fictícias", descreveu indivíduos que falavam línguas desconhecidas (lembrem-se do génio autista que criou línguas artificiais completas).

Em 1954, foi publicado o livro de Thigpen e Cleckley The Three Faces of Eve, que explorava artisticamente a história da psicoterapia com Kris Costner-Sizemore, uma paciente diagnosticada com personalidade múltipla. Em 1957, foi realizado um filme com Joanne Woodward e, em 1977, a própria Kris Costner-Sizemore lançou uma autobiografia, I Am Eve, na qual afirmava que o livro de Thigpen e

Cleckley tinha tomado grandes liberdades em relação à história da sua vida.

Posteriormente, foram publicados outros trabalhos sobre personalidades múltiplas. Em 1980, foi publicado o livro "Michelle Remembers", da autoria do psiquiatra Lawrence Puzder e de Michelle Smith - sua paciente. Um ano mais tarde, os interessados puderam ler "The Multiple Minds of Billy Milligan", compilado por Daniel Keyes a partir de entrevistas com Billy Milligan e o seu psicoterapeuta.

A última década do século foi revolucionária: em 1995, surgiu o sítio Web de Astraea, dedicado à ideia de reconhecer a personalidade múltipla como uma condição saudável. Três anos mais tarde, a famosa revista "New Yorker" publicou um artigo de Joan Akokella "Creating Hysteria", que falava dos "excessos" médicos no tratamento da personalidade múltipla. Em 1999, foi publicado o livro de Cameron West "First Person Plural: My Life in All Its Diversity" e, em 2005, o livro de Robert Oxnam "The Split Mind". Ambos os livros são da autoria de pessoas com identidades múltiplas.

Há cada vez mais artigos em publicações médicas que defendem que as personalidades múltiplas não precisam necessariamente de ser tratadas.

Curiosamente, uma contagem efectuada em 1944 encontrou apenas 76 casos descritos de personalidade múltipla na literatura médica dos séculos XIX e XX. Muitos médicos dos anos 30 e 40 eram mesmo da opinião de que a doença era coisa do passado, uma vez que não havia registo de doentes durante várias décadas. Ninguém conseguia explicar por que razão isso acontecia, apesar de terem sido avançadas várias teorias. No entanto, a doença regressou de novo numa escala muito maior, com cerca de 40.000 casos de personalidade múltipla registados entre 1985 e 1995. Para explicar este súbito surto, mais uma vez, ainda ninguém conseguiu explicar.

Almas perdidas

Se os cientistas se perdem em especulações, os místicos estão firmemente convencidos de que o fenómeno dos doppelgangers é culpa das almas dos mortos, que entraram num corpo aleatório cujas defesas estavam enfraquecidas. No cristianismo, acredita-se que não são as almas, mas os demónios, e existem mesmo rituais especiais de purga e exorcismo para expulsar os convidados indesejados.

O caso de um rapaz indiano de cinco anos, Titu Prasan, que disse aos pais que era Suresh Varma, um comerciante de Agra, tinha uma mulher, Uma, e dois filhos, e que tinha sido baleado na cabeça. No início, os pais consideraram que se tratava de uma fantasia infantil, mas o rapaz foi dando cada vez mais pormenores: alegadamente, era dono de uma loja de rádios e, aos trinta anos, foi morto por dois tiros quando conduzia um carro para a sua casa.....

Muitas vezes, depois destas histórias, o rapaz ficava histérico, atirava objectos à família e gritava que eles não eram seus pais. A brincadeira, se assim posso dizer, estava a ficar longa e os pais de Titu, Shakti e Mahavar Prasan, decidiram verificar o que ele estava a dizer. Para seu grande espanto, descobriram que o dono de uma loja de rádios tinha sido efetivamente assassinado em Agra há cinco anos. Os pais do rapaz telefonaram à viúva e contaram-lhe o comportamento surpreendente do filho. Uma, juntamente com os pais do falecido Suresh, decidiu visitar o estranho rapaz e, assim que o carro chegou a casa de Prasan, Titu correu imediatamente para abraçar a sua "mulher" e os seus "pais". Não só os reconheceu e chamou-os pelos seus nomes, como também ficou aborrecido por Uma ter vindo num carro Maruti e não no seu velho Fiat, que, afinal, tinha sido vendido.

O rapaz conseguiu responder a todas as perguntas difíceis que a "primeira" família lhe fez. Este caso teve muita publicidade, chegou a todos os media do mundo e até na URSS o jornal "Trud" escreveu sobre Tita. Naturalmente, os cientistas interessaram-se por esta transmigração de almas. N.K. Chanda da Universidade de Delhi e E. Mills da Universidade da Virgínia (EUA) voltaram a interrogar minuciosamente o rapaz e os seus familiares, fazendo-lhes perguntas paralelas sobre vários acontecimentos sem importância. Mas o rapaz passou este exame com honra. Ao examinarem Titou, os cientistas encontraram uma estranha cicatriz na sua têmpora direita e uma marca de nascença por cima da orelha direita. O relatório post-mortem do corpo de Suresh Varma indicava que a bala o tinha atingido na têmpora direita, ricocheteado no crânio e saído por cima da orelha direita.

Este caso de transmigração de almas, que pode ser considerado como virtualmente provado, despertou grande interesse na Índia, um país onde tradicionalmente se acredita na reencarnação.

Peritos do Instituto de Saúde Mental e Neuropatologia de Bangalore efectuaram um estudo de duzentos e cinquenta casos como o de Titu desde 1975. Durante os dez anos que durou o estudo, o seu iniciador, o Dr. Satwash Pasricha, deslocou-se pessoalmente a muitas aldeias e entrevistou pelo menos vinte testemunhas oculares de cada caso. Muitos dos casos não foram confirmados, mas aqueles que os cientistas consideraram bastante credíveis foram suficientes para as conclusões científicas que se seguem.

O "efeito de reencarnação" é observado principalmente em crianças entre os três e os sete anos de idade. Com o passar dos anos, esquecem-se completamente das suas "encarnações anteriores". A "reencarnação" numa criança é geralmente desencadeada por um comentário aleatório de alguém da família, que a faz recordar os acontecimentos da sua vida passada. Em 82% dos casos, as crianças recordaram claramente o seu nome no "nascimento passado" e pormenores dessa vida, o que foi suficiente para se identificarem com a pessoa falecida. Curiosamente, mais de 50 por cento das almas reencarnadas tinham morrido de forma violenta nas suas vidas passadas e a sua idade média era de cerca de trinta e quatro anos. Em 80 por cento dos casos, as crianças não tinham qualquer relação com o falecido, nem mesmo por laços de parentesco distantes, o que exclui o fenómeno da "memória genética".

Curiosamente, a crença na reencarnação existia no cristianismo primitivo, mas foi abolida em 553 pelo Segundo Concílio de Constantinopla.

Onda estranha

No entanto, muitos investigadores acreditam que a transmigração das almas não tem nada a ver com isso, e que a culpa é das chamadas ondas cerebrais. As conversas sobre este fenómeno começaram no século XVIII, mas até agora não era reconhecido pela ciência, e os propagandistas desta ideia eram considerados fraudes e pseudocientistas. No entanto, em 1849, Du Reymond provou que o cérebro, assim como os nervos e os músculos, tem propriedades electrogénicas.

Em 24 de agosto de 1875, o médico inglês Richard Caton apresentou dados num relatório à British Medical Association, segundo os quais os cérebros de coelhos e macacos emitiam impulsos eléctricos fracos. E, no mesmo ano, o fisiologista russo V. Y. Danilevsky, na sua tese de doutoramento, apresentou os dados obtidos através do estudo da atividade eléctrica do cérebro de cães. E em 1882, o famoso I. M. Sechenov publicou o trabalho "Fenómenos galvânicos na medula oblonga da rã", no qual provou o facto da atividade eléctrica rítmica do cérebro. Em 1884, N. E. Vvedensky auscultou a atividade da medula oblonga da rã e do córtex dos grandes hemisférios do coelho, utilizando um telefone. Confirmou as observações básicas de Sechenov e provou que a atividade rítmica espontânea pode ser encontrada no córtex dos grandes hemisférios dos mamíferos.

Em 1913, V. V. Pravdich-Neminsky publicou o primeiro eletroencefalograma registado a partir do cérebro de um cão e introduziu o termo "electrocerebrograma", que não nos é familiar. O primeiro registo humano de EEG foi obtido pelo psiquiatra austríaco Hans Berger em 1928. Ele propôs que o registo das biocorrentes cerebrais se chamasse "eletroencefalograma".

Atualmente, o registo do EEG tornou-se um procedimento de rotina, realizado com eléctrodos especiais, cada um dos quais ligado a um amplificador, que são colocados numa determinada ordem na cabeça da pessoa em estudo.

As "ondas cerebrais" são ondas electromagnéticas de baixa intensidade emitidas pelo cérebro, com frequências que variam entre 1 e 40 hertz. Distinguem-se cinco grupos principais de ondas cerebrais:

- ondas delta (0,5-3 Hz) - aparecem durante o sono profundo, o transe ou a hipnose;

- Ondas Theta (4-7 Hz) - emitidas durante o sono, relaxamento profundo e meditação;

- ondas alfa (8 - 12 Hz) - indicam que a pessoa se encontra num estado limite entre o sono e a vigília ou em meditação;

- as ondas beta (13-30 Hz) manifestam-se num estado ativo e de alerta. A sua elevada atividade corresponde a uma elevada libertação de hormonas do stress;

- ondas gama (30 Hz ou mais) - de acordo com muitos cientistas de renome, são um sinal de "hiperconsciência".

Atualmente, pratica-se a estimulação externa do cérebro com ondas das mesmas frequências que este emite por si próprio. Isto coloca o nosso cérebro num estado em que as ondas de uma determinada frequência ocorrem naturalmente. Por exemplo, uma pessoa extremamente agitada pode ser relaxada estimulando o seu cérebro com ondas alfa durante cinco minutos. As ondas teta induzem emoções positivas, uma sensação de conforto e harmonia. São utilizadas em vários métodos de formação áudio ou vídeo de "alta velocidade". Está provado que a simples leitura de um livro sob ondas teta ajuda a aprender melhor a matéria.

Atualmente, a sincronização das ondas cerebrais é amplamente utilizada no Ocidente para tratar a depressão, enxaquecas e dores de cabeça, autismo, distração, alcoolismo e toxicodependência. Infelizmente, no nosso país, este ramo da medicina é considerado quase charlatanismo, embora noutros países os trabalhos neste domínio tenham ocupado um lugar em publicações científicas sólidas.

De um modo geral, o interesse pelo tema das ondas cerebrais é bastante elevado no Ocidente e, recentemente, surgiu até um jogo de computador que controla o cérebro sem rato nem teclado. O jogo Mind Balance, apresentado há alguns anos no MIT Media Lab Europe, em Dublin, é bastante primitivo, mas o primeiro passo neste domínio já foi dado e talvez dentro de alguns anos sejamos capazes de controlar o pensamento com programas de computador.

Antes de iniciar o jogo, uma pessoa usa auscultadores com seis sensores acoplados que são fixados em pontos específicos na parte de trás da cabeça. Estes pontos correspondem a zonas do cérebro responsáveis pelo processamento de sinais luminosos, pela visão e até pelas alucinações. O eletroencefalograma captado é transmitido para um computador através da tecnologia sem fios Bluetooth.

A essência do jogo é muito simples: uma personagem caminha ao longo de uma corda e o jogador tem de o ajudar a manter o equilíbrio: se ele se inclinar para a esquerda, olha para o lado direito do ecrã, e vice-versa. É claro que até agora é mais um divertimento, mas talvez com o tempo venha a dar uma ajuda inestimável no desenvolvimento de interfaces mais perfeitas para a comunicação de pessoas completamente paralisadas cujo cérebro continua a funcionar perfeitamente. Pilotos, astronautas e muitas outras pessoas com profissões activas também beneficiarão desta invenção.

E nos Países Baixos, surgiu um aparelho capaz de distinguir os sons ouvidos por uma pessoa através de um scanner do cérebro. Cada som deixa uma "marca neural" caraterística na zona auditiva do córtex cerebral do ouvinte. O registo foi efectuado da seguinte forma: os sujeitos pronunciaram sons de vogais e o computador, a partir do seu EEG, descodificou esses sinais. Até agora, os cientistas só conseguem reconhecer sons individuais, mas em breve, como afirma a directora do grupo de investigação Elaya Formisano, da Universidade de Masstricht, a máquina será capaz de compreender totalmente o que uma pessoa ouve, bastando para isso analisar o seu cérebro. E depois, podemos acrescentar, não demorará muito a ler mentes.

E mais um facto, já um pouco do campo das curiosidades (embora, claro, que raio não está a brincar). "O Journal of Applied Psychology publicou uma análise comparativa de encefalogramas de estudantes de música e não-músicos. Nas naturezas criativas foi encontrada uma boa sincronização dos biopotenciais em diferentes partes do cérebro, a predominância da atividade do hemisfério direito e a alta frequência na gama do ritmo delta. Além disso, os médicos descobriram que o encefalograma pode detetar diferenças no grau de sobredotação e propõem agora fazer do EEG um instrumento adicional na seleção dos candidatos ao exame.

Escrevemos acima sobre os estimulantes cerebrais químicos e o facto de os empregadores poderem ser obrigados a aceitá-los, mas agora verifica-se que, juntamente com os detectores de mentiras, que são utilizados para muitos cargos, os empregadores poderão em breve utilizar o EEG para selecionar os candidatos mais talentosos. De facto, verificar-se-á que as competências e aptidões adquiridas ao longo de anos de estudo e de trabalho não poderão ser utilizadas se Deus ou a natureza não tiverem dado inicialmente esse talento a uma pessoa. Felizmente, essas tecnologias ainda não existem, mas parece que estamos no limiar dos tempos sombrios de que os escritores de ficção científica de Hollywood tanto gostam de nos falar. E não há dúvida de que, pondo de lado o imperfeito detetor de mentiras, o empregador será um leitor direto de mentes....

Mas voltemos às ondas cerebrais. Se podem ser captadas e estimuladas com um dispositivo mecânico, então é lógico supor que o cérebro de cada um de nós recebe facilmente as ondas dos nossos entes queridos ou mesmo daqueles com quem nos sentamos ao lado no mesmo escritório ou com quem nos cruzamos nos transportes públicos.

Ainda não se sabe se as descodifica ou se coloca algum tipo de bloqueio no seu caminho. Mas alguns especialistas acreditam que muitas das chamadas doenças mentais resultam do facto de algo se romper no cérebro e este começar a perceber as ondas cerebrais de outras pessoas como se fossem suas.

Será possível que os delírios, os medos e as visões dos esquizofrénicos sejam apenas ondas cerebrais de outra pessoa captadas no espaço pelo doente?

Sabe-se que o nosso planeta emite ondas com aproximadamente a mesma frequência que o cérebro humano. Não sabemos que informação estas ondas transportam, o que podem dizer ao cérebro "fora de curso", não sabemos. Por isso, é bem possível que o caso do rapaz indiano não seja uma história sobre a transmigração de almas, mas simplesmente uma história sobre o facto de o cérebro da criança, que ainda não dominava totalmente as suas funções, ter recebido uma onda de horror, libertada por um homem no momento em que os assassinos o mataram com uma arma. E as memórias da criança não se formaram de forma autónoma, mas foram inteiramente substituídas pela experiência do dono da loja de rádios.

Há histórias documentadas que só podem ser explicadas por uma teoria semelhante da receção pelo cérebro das ondas de outras pessoas.

Em 1978, Nikolai Alexandrovich L., um residente da região de Vologda, foi atingido por um raio. Não só sobreviveu, o que, em princípio, acontece por vezes, como também falava fluentemente três línguas europeias que nunca tinha aprendido.

Em 1987, Gennady Sergeevich S., um residente da região de Tula, foi encostado a uma vedação por um reboque de camião. O reformado S. sofreu, entre outros ferimentos, uma grave contusão na cabeça e, ao acordar no dia seguinte, ficou surpreendido ao perceber que, embora não tivesse esquecido o seu russo nativo, era muito mais fácil e confortável exprimir os seus pensamentos em alemão. Era uma língua que nunca tinha conhecido antes.

As capacidades extraordinárias causadas por um efeito súbito nas ondas cerebrais não dizem respeito apenas às línguas. Muitos suspeitam que o génio do pequeno Mozart tenha surgido por uma razão semelhante: sabe-se que Amadeus, por exemplo, começou subitamente a tocar violino, apesar de ninguém o ter ensinado a fazê-lo, e o violino é um dos instrumentos mais difíceis. E, em geral, como imaginar uma criança de quatro anos a escrever as notas da música que o génio compôs? O clero, aliás, via nos talentos do pequeno Amadeus o dedo de Deus. Pergunto-me o que diriam os cientistas do século XXII, por exemplo, sobre isto?

Esperemos que um dia a ciência ainda consiga resolver o mistério das ondas cerebrais.

CAPÍTULO V. O SONO DA MENTE. O QUE FAZ O CÉREBRO ENQUANTO DORMIMOS. OS SONHOS SÃO REAIS?

Desde que a humanidade existe, tem-se perguntado o que é o sono. Aristóteles acreditava que era um estado à beira da vida e da morte; não era sem razão que o antigo deus grego do sono, Morfeu, era considerado o irmão da Morte.

Muitos místicos estavam convencidos de que, durante o sono, a alma viaja pelos mundos e acreditavam que, se uma pessoa fosse acordada subitamente, a alma perder-se-ia antes de regressar. Os antigos indianos acreditavam que não se devia pintar o rosto de uma pessoa durante o sono, caso contrário a alma que regressava poderia não reconhecer o seu corpo.

Só depois das descobertas de Darwin e Freud é que o sono começou a ser entendido como um dos mecanismos de funcionamento do cérebro. Mas por mais que os cientistas tentassem reduzir o sono a funções fisiológicas, não conseguiram. As pessoas continuam a acreditar no poder místico dos sonhos e, por vezes, descobrem coisas nos seus sonhos que a ciência moderna não consegue explicar.

No reino de Morfeu

Tenha paciência - temos de começar com os princípios básicos da ciência dos sonhos. A noite de sono de uma pessoa é geralmente dividida em quatro ou cinco ciclos de 90 a 120 minutos (a duração de cada ciclo subsequente aumenta).

Todos os ciclos começam com o chamado sono lento ou profundo (é nesta fase que se observam manifestações de sonambulismo), e terminam com uma fase de 10-15 minutos de sono com sonhos - o chamado sono rápido ou paradoxal (aliás, os sonhos mais bem recordados que se vêem durante os últimos ciclos, da sexta à oitava hora de sono).

Durante o sono REM, todos os sinais exteriores deixam de ser recebidos e analisados. É difícil acordar alguém que esteja no pico da fase REM. Nesta altura, os músculos da pessoa estão completamente relaxados e o cérebro está a trabalhar intensamente. É nesta fase que os globos oculares se movem e a pessoa pode falar durante o sono.

Incompreensivelmente, uma pessoa começa a sonhar ainda no útero. O feto encontra-se num estado do chamado sono ativado. Enquanto está na barriga da mãe, o feto mexe-se, empurra, e tudo isto são consequências dos sonhos que teve. O que é que uma pessoa que nunca viu o mundo pode sonhar? Não se sabe. Alguns cientistas acreditam (e há algumas provas científicas para isso) que os sonhos da mãe e da futura criança estão sincronizados e que esta, vendo os sonhos da mãe, desta forma invulgar, se familiariza com o mundo. A forma como as "imagens" são transmitidas de uma consciência para outra é um mistério e uma prova inegável de que sabemos muito pouco sobre os princípios do cérebro. Será que os sonhos partilhados são transmitidos através do sangue ou através de bio-ondas que ainda desconhecemos? A resposta a esta pergunta ainda não foi encontrada.

Passamos um terço da nossa vida, se não mais, a dormir. Dos sessenta anos que vivemos, por exemplo, vinte são passados a dormir. O sono é o descanso, como nos ensinaram na infância. E, de facto, os processos vitais de todo o organismo abrandam, mas o cérebro continua a trabalhar intensamente, distribuindo as sensações do dia e as informações recebidas pelos seus "armazéns".

Nas primeiras 24 horas de vida, o bebé dorme 22 horas e 80% do seu sono é "sono REM", a fase durante a qual sonhamos. De facto, o bebé tem muitas sensações novas que precisam de ser organizadas.

Infelizmente, com a idade, esta fase do sono torna-se cada vez mais curta. Numa criança de cinco anos, o sono REM já dura cerca de cinco horas, e numa pessoa de trinta anos que dorme cerca de oito horas por noite, a fase REM, como já referimos, é de cerca de duas horas. Aos sessenta e cinco anos, diminui para uma hora e meia.

Comparando o trabalho do cérebro com o trabalho de um computador, podemos dizer que, enquanto dormimos, o cérebro "reescreve" a informação que recebemos da "RAM" para o "disco rígido", ou seja, da memória de curto prazo para a memória de longo prazo. Tudo isto acontece durante o chamado sono REM. Experiências com ratos mostraram que o animal adormecido tem impulsos nervosos sete vezes mais fortes no cérebro durante este período do que o animal acordado. O homem, neste sentido, não se afastou muito dos ratos. É durante o sono que ocorrem os processos associados à criação de memórias, ou, em termos científicos, à "consolidação da memória". O hipocampo, uma pequena parte do cérebro, é responsável por isso e, se se "avariar", a pessoa perde a capacidade de se lembrar de qualquer coisa: fica apenas com memórias antigas que já foram "gravadas" no córtex cerebral.

Já foi provado que uma **pessoa que adormece depois de aprender um novo material acorda e compreende-o muito melhor**, porque durante o sono o cérebro sistematizou a informação recebida. Os cientistas da Universidade de Chicago realizaram uma experiência: explicaram a um grupo de pessoas o método de resolução de problemas lógicos. Depois de dormir, a velocidade de resolução destes problemas aumentou em vinte por cento. Ou seja, durante o sono, o cérebro não só põe a memória em ordem, mas também desenvolve, com base na experiência adquirida durante as horas de vigília, programas para o nosso comportamento.

O cérebro em geral sabe muito mais do que pensamos. Especialistas em sonhos da University College London decidiram descobrir se o cérebro consegue distinguir entre maus e bons presságios. Foram mostradas imagens aleatórias a voluntários, sendo que certas combinações eram acompanhadas por uma forte descarga eléctrica no pincel. Passado algum tempo, os cientistas verificaram que o cérebro começa a reagir a estas combinações antes da descarga eléctrica e, de facto, os próprios voluntários tiveram dificuldade em explicar o princípio lógico pelo qual as imagens eram combinadas com a descarga. O reconhecimento consciente de tais combinações "más" só começou a ocorrer depois de os voluntários terem passado várias horas a dormir.

Os nossos sonhos são apenas uma sombra do trabalho intensivo que o nosso cérebro está a fazer. Cada um de nós, depois de ter adormecido durante apenas um minuto ou mesmo alguns segundos, já reparou que, durante esse tempo, conseguiu ver uma "fatia de vida" bastante grande num sonho. O cérebro, neste momento, não está condicionado pelas "limitações comportamentais" e, já não dependente do corpo, tenta atingir a sua velocidade óptima de trabalho, 5 a 20 vezes mais rápida do que aquela a que estamos habituados quando estamos acordados.

Descobertas científicas num sonho

Muitas vezes, a solução de problemas com os quais nos debatemos em vão durante a vigília surge-nos num sonho. Talvez os exemplos mais famosos sejam Mendeleev com a sua famosa tabela e Friedrich August Kekule, que viu num sonho a estrutura da molécula de benzeno sob a forma de uma serpente enrolada num anel e batendo a cauda. O cérebro, acelerado, resolveu num sonho a questão a que o cientista não conseguia responder durante meses. E "mostrou" esta solução, embora de forma simbólica, ao seu "dono".

Mas talvez a história mais interessante de "descoberta sonolenta" tenha acontecido com o Dr. Otto Levy, um farmacologista e vencedor do Prémio Nobel. Ele passou anos a estudar a transmissão química dos impulsos nervosos. Durante muito tempo, Levy não conseguiu resolver um problema e a sua investigação parou. De repente, começou a sonhar com a experiência necessária. Nas duas primeiras noites, Levy acordou e escreveu os dados necessários num caderno, mas de manhã não conseguia perceber as suas notas. Da terceira vez, não anotou nada, mas foi para o laboratório e simplesmente montou a experiência do sonho (que acabou por ser bem sucedida), tal como tinha visto no sonho. Levy admitiu mais tarde que, se a ideia lhe tivesse ocorrido enquanto estava acordado, tê-la-ia rejeitado como um completo disparate.

No entanto, mesmo na ciência, por vezes o misticismo interfere. O grande poeta russo Mikhail Lermontov, como se sabe, gostava de fazer contas nos tempos livres. Uma vez, não tendo conseguido resolver uma tarefa difícil, viu num sonho um desconhecido que lhe ditou a solução. Lermontov não só escreveu este sonho que o impressionou, visto por ele como absolutamente real, como também desenhou o retrato de um estranho. Muitos anos mais tarde, os investigadores descobriram que o retrato representava um homem muito semelhante a John Neper - o criador dos logaritmos, que morreu duzentos anos antes deste sonho. Curiosamente, para o místico e intérprete de profecias Naper, a matemática também era apenas um passatempo. Por acaso, ele era escocês (Lermontov também tinha raízes escocesas). Talvez nalgum momento as suas árvores genealógicas se tenham cruzado. É bastante razoável interpretar a solução do problema de Lermontov como obra do seu cérebro, mas como explicar o aparecimento de um matemático desconhecido de Lermontov neste sonho? Atualmente, os investigadores têm a certeza de que Lermontov não podia saber quem era Neper e muito menos ver o seu retrato.

Mikhail Yurievich, aliás, prestava muita atenção aos sonhos. O seu poema "Sonho", no qual previa a sua morte, e a visão deste trágico acontecimento à sua amada em São Petersburgo, foi mais tarde confirmado nas memórias de Evdokia Rostopchina....

Falaremos mais sobre sonhos proféticos a seguir, mas por agora vamos voltar à "ciência dos sonhos".

Já foi referido que a fase rápida do sono quotidiano dura cerca de duas horas no total, e o resto do tempo dormimos sem sonhos. Mas, no entanto, ao longo da vida, estes curtos períodos somam números significativos. O famoso filósofo Arthur Schopenhauer escreveu: "<...> o mundo <...> deve ser reconhecido como semelhante ao sonho, ou mesmo como pertencente à mesma classe de coisas que ele. Pois essa função do cérebro, que durante o sono produz, por alguns encantos, um mundo completamente objetivo, visual e até tangível, deve tomar a mesma parte na criação do mundo objetivo da vigília".

Os cientistas ainda não compreenderam totalmente como funciona a nossa memória e porque é que sonhamos. Os especialistas também têm dificuldade em perceber porque é que o cérebro não processa a informação em paralelo com a sua receção. Talvez a culpa seja do ciclo diurno da vida humana, formado pela alternância de períodos de luz e escuridão no nosso planeta. Por agora, devemos simplesmente reconhecer que o trabalho do cérebro durante o sono é a solução mais óptima para as nossas vidas. Ao processar a informação, o cérebro desliga as secções de onde retira os conhecimentos recebidos no estado de vigília. É evidente que isto é feito de forma mais conveniente durante o sono.

O académico Bekhterev disse uma vez que um sonho é uma combinação sem precedentes de acontecimentos anteriores. Mas como é que os sonhos nos mostram o futuro?

Os sonhos proféticos avisam-no de doenças

Os sonhos proféticos que prenunciam várias doenças, há muito que os cientistas deixaram de considerar algo invulgar ou fantástico. A doença, como sabemos, não começa de repente, e as alterações patológicas que ainda não notou, o seu corpo sente imediatamente: o órgão doente começa lentamente a funcionar mal e o subcórtex, desinibido durante o sono, reage aos sinais que lhe são dados pelo corpo. Assim, tanto o estado físico geral do corpo como a composição do sangue podem ditar em grande medida o conteúdo dos nossos sonhos.

Hoje em dia, por exemplo, está provado que os nossos sonhos começam a avisar-nos sobre a doença de Botkin (iterícia) com uma semana de antecedência, sobre a neurose - com vários meses de antecedência. As pessoas que sofrem de gastrite crónica recebem a "notícia" um mês antes do aparecimento dos sintomas, as que sofrem de hipertensão - 2-3 meses, e se houver a possibilidade de um tumor cerebral, os sonhos de uma pessoa começam a "soar o alarme" um ano antes das manifestações clínicas da doença! Mesmo uma gripe súbita, aparentemente repentina, pode ser prevista em dois dias!

Os médicos aconselham: se sonhar persistentemente que alguém o está a sufocar ou se entrar num espaço confinado - verifique a sua **garganta**; estes sonhos podem também ser um sinal do início de asma brônquica.

- Se alguém num sonho traumatiza o seu estômago (bate-lhe, espeta-lhe uma faca) - é necessário efetuar um estudo dos órgãos digestivos. Acredita-se também que o cérebro sinaliza uma doença de **estômago** iminente com sonhos de comida estragada e podre, visões do seu próprio vómito ou do vómito de outras pessoas.

- Na **neurose,** as pessoas sonham com agressão, os seus sonhos não têm uma conclusão lógica ou terminam mal. A ação destes sonhos ocorre frequentemente num ambiente desconhecido e as pessoas que o neurótico vê no sonho são desconhecidas para ele.

- Os problemas **cardíacos são** indicados pela experiência de um medo intenso (incluindo o medo da morte) num sonho, bem como por ser ferido ou esfaqueado no peito.

- Sonhos de asfixia, roupas apertadas que dificultam a respiração ou espremer-se em espaços estreitos podem ser sinais de doença **pulmonar**.

- Um sonho em que os insectos rastejam por todo o corpo sugere doenças **de pele.**

- A iminência de uma **constipação** ou de uma **gripe** pressagia um sonho em que se toma banho em água gelada ou na neve, com a sensação de estar a congelar.

- Os sonhos com penteados incómodos ou chapéus apertados são indicativos de doenças da cabeça.

Mas a principal condição para que estes sonhos, estas imagens indiquem esta ou aquela doença é a sua repetição nos sonhos durante algum tempo ou vários dias seguidos (como no caso da gripe). Além disso, se num sonho o ritmo cardíaco de uma pessoa aumenta, ela acorda com suores frios, sente dormência e frio nas extremidades ou "arrepios na pele" e isso se repete repetidamente - é necessário fazer um exame médico geral. Muito provavelmente, esta é a forma de o corpo alertar para o desenvolvimento de uma doença grave.

Sternberg, o famoso paleontólogo americano, acreditava em sonhos proféticos. A primeira vez que se deparou com o misticismo foi desta forma. Um dos museus encomendou-lhe folhas de plantas antigas, e ele passou o dia inteiro a pensar onde as iria buscar, e depois viu num sonho que a planta de que precisava estava no sopé de uma montanha. O nome da montanha era-lhe conhecido, mas ele nunca lá tinha estado. Intrigado com o "sonho demasiado real", Sternberg foi de manhã ao local que tinha visto no sonho e encontrou o que procurava.

Desde então, o estudo dos sonhos tornou-se o seu passatempo. Ele acreditava que, se o corpo relata uma doença iminente num sonho, é possível programar o corpo para a combater no mesmo sonho.

O biólogo Berg, que tem feito uma investigação considerável nesta área, relatou que uma das pacientes do seu colega, uma doente com cancro no estômago, tentou utilizar a tecnologia do sonho consciente para encontrar um curandeiro no mundo dos sonhos. Duas semanas mais tarde, sonhou com um homem que parecia bastante poderoso. Aproximou-se dele e falou-lhe da sua doença, pedindo ajuda. Ele levou-a para uma mansão bem iluminada onde havia muitas pessoas e estava a decorrer uma espécie de celebração. Foi colocada num sofá e foi-lhe deitado um líquido no estômago, após o que lhe foi dito que a doença tinha parado. Passado algum tempo, os médicos verificaram que o cancro tinha parado de se desenvolver e, alguns anos mais tarde, a mulher recuperou sem qualquer intervenção médica. O homem poderoso apareceu-lhe várias vezes em sonhos, dando-lhe conselhos e efectuando algumas manipulações. Seria possível atribuir esta história à sintonização biológica do organismo para a cura, mas Berg, interessado nos sonhos invulgares da paciente, realizou pesquisas adicionais e descobriu que a personagem poderosa dos seus sonhos aparecia em sonhos e em várias outras pessoas que foram curadas milagrosamente.

"Como cientista", escreveu Berg, "estou demasiado afastado do misticismo para atribuir estas aventuras oníricas às visitas de algum anjo ou santo. Talvez possamos dizer que a mente subconsciente de todas as pessoas funciona aproximadamente segundo o mesmo esquema e que vemos nos nossos sonhos, de uma forma ou de outra, coisas semelhantes. Mas se tomarmos esta teoria como base, então haverá ainda mais contradições. Por isso, direi apenas que a ciência moderna não faz ideia de como explicar estes casos documentados".

Confiança nos sonhos proféticos.....

No entanto, é aqui que termina o reconhecimento dos sonhos proféticos por parte da ciência. Os sonhos espantosos, nos quais as pessoas viram muito claramente os acontecimentos futuros, a ciência ou os nega de todo, ou remete-os para a categoria dos acidentes. Mas muitas pessoas não concordarão com esta posição. Os sonhos proféticos são conhecidos pelo homem desde a antiguidade. Calpúrnia, a mulher de Júlio César, viu num sonho que o marido ia ser morto e persuadiu-o a não ir ao Senado, contando-lhe em pormenor o sonho. Brutus, amigo de Júlio, que estava presente, disse que César não devia acreditar em "sonhos de mulheres".....

O imperador Augusto, ao contrário de Júlio, ouviu o sonho do seu amigo e não dormiu na sua tenda. Na mesma noite, os inimigos que se esgueiraram na escuridão cortaram com espadas a cama vazia do imperador.

Há uma história do século XIX sobre o Capitão Jonathan da Califórnia. Sonhou com um grupo de pessoas exaustas, a morrer de fome e de frio nas montanhas. De manhã, contou o sonho em pormenor a um amigo, caçador e conhecedor desses lugares. Pela descrição, reconheceu o desfiladeiro de Carson Valley. O capitão, que nunca tinha estado no desfiladeiro, que ficava a 150 milhas da sua casa, arriscou-se a organizar uma expedição com o seu próprio dinheiro e conseguiu salvar várias pessoas perdidas nas montanhas.

Sabe-se que dezoito pessoas desistiram dos seus bilhetes para o lendário voo do Titanic. Como se veio a verificar mais tarde, a razão para o cancelamento do voo de cinco delas foram sonhos, vistos por elas próprias ou pelos seus entes queridos, nos quais, de uma forma ou de outra, figurava o desastre do super navio. Coincidência?

O investigador francês de sonhos Camille Flammarion escreveu: "Afirmo convictamente que o fenómeno dos sonhos que prevêem com exatidão acontecimentos futuros deve ser reconhecido como um facto indubitável... Podemos ver sem a ajuda dos nossos olhos e ouvir sem a ajuda dos nossos ouvidos por meio de um sentido mental e intelectual interno. Através da visão interior, a alma é capaz de ver não só o que acontece à distância, mas também de saber antecipadamente o que vai acontecer no futuro. O futuro existe potencialmente, condicionado pelas causas que provocam os acontecimentos posteriores."

Pode certamente argumentar com Flammarion, mas não reparou que, se, por exemplo, olhar fixamente para uma pessoa do outro lado da rua, ela não tardará a virar-se e a procurar com os olhos a pessoa que a está a olhar? A expressão "sentir o olhar de alguém" não nos parece invulgar ou inventada. Mas, entretanto, este sentimento não pode ser apoiado por qualquer justificação científica. Mesmo o termo "coincidência", tão apreciado pelos cientistas como explicação de fenómenos incompreensíveis, não é adequado. Sabemos por nós próprios que somos capazes de sentir o olhar de outra pessoa e que podemos sentir que os nossos filhos estão em apuros. E muitas outras coisas para as quais a ciência moderna não consegue encontrar uma explicação. Mas mesmo assim não é necessário cair no misticismo: o nosso cérebro tem muito mais capacidades do que pensamos. E essas capacidades ainda são muito pouco investigadas. No entanto, alguns institutos científicos estão a estudar estes fenómenos e é possível que, em breve, as nossas ideias sobre as nossas próprias capacidades sejam muito ampliadas.

É conhecido, por exemplo, o registo da mãe do dezembrista Kondraty Ryleyev, onde ela conta o seu sonho profético, que só se concretizou muitos anos mais tarde. Quando o pequeno Kondraty, ou Konichka, como era chamado na altura, adoeceu e os médicos concordaram que não havia esperança, a sua mãe, Anastasia Matveyevna, rezando no berço do filho, adormeceu e viu no seu sonho um anjo que a avisou que era melhor Kondraty morrer agora. Começou a suplicar pela vida do filho e, depois, o anjo conduziu-a através de uma série de quartos, perguntando-lhe de cada vez, antes de abrir outra porta: "Já mudaste de ideias? Quando a porta é aberta - a decisão não pode ser alterada". Constantemente, Anastácia Matveyevna via toda a vida futura do seu filho. Numa das últimas salas, havia muito fumo. Alguns jovens discutiam e a mulher apercebeu-se de que estava a ver uma conspiração em preparação, mas continuou a insistir. Então o anjo abriu a última porta e a mãe viu o seu filho na forca. E este futuro já não podia ser evitado.

O sonho de Lincoln, que ele contou aos seus familiares, também é conhecido. Alguns dias antes da sua morte, o presidente americano sonhou que a Casa Branca estava completamente vazia e deambulou espantado até perceber que todas as pessoas estavam amontoadas num dos gabinetes de canto. Entrou lá e, quando viu o caixão, perguntou ao soldado que estava de guarda: "O que é que se passa?" O homem respondeu: "O Presidente foi morto no teatro". Alguns dias depois, o sonho tornou-se realidade.

Lydia Vertinskaya, esposa do famoso chansonnier, recordou que, imediatamente após a morte do marido, sonhou que se despedia dele na estação de comboios e que ele lhe dizia: "Olha, não te esqueças - eu tenho a quinta carruagem, o sexto lugar". "No dia seguinte, fui buscar um passe para o cemitério de Novodevichy, onde Alexander Nikolayevich está enterrado. No passe estava marcado: 5ª secção, 6º lugar".

Estes casos já não podem ser explicados por coincidência ou acaso, e só podemos reconhecer que existe um certo nível místico que só podemos alcançar até certo ponto nos sonhos.

A propósito, o académico Bekhterev, um proeminente médico psiquiatra russo, estava muito atento aos sonhos proféticos e em caso algum os considerava um acidente. Em 1910, deu instruções ao médico praticante P. I. Vinogradov para descobrir junto dos seus pacientes se alguma vez tinham tido sonhos proféticos. De 1910 a 1914, Vinogradov recolheu mais de um milhar e meio de testemunhos, dos quais se conclui que quase todos os entrevistados tiveram um sonho profético pelo menos uma vez na vida. Não foram tidos em conta os sonhos que podem ser atribuídos a uma mera coincidência. Infelizmente, devido à Primeira Guerra Mundial e à revolução, esta investigação nunca foi publicada, e a palma da superioridade no estudo dos sonhos proféticos foi "roubada" à Rússia pela França e por Flammarion.

O bio-campo unificado da humanidade

Alguns investigadores modernos sugerem que o nosso cérebro pode percecionar e emitir bio-ondas especiais, criando assim uma estrutura superconsciente mundial única que liga todas as pessoas que vivem no nosso planeta. Esta estrutura, segundo os investigadores, não tem tempo, ou seja, contém simultaneamente o presente, o passado e o futuro. Albert Einstein disse que "as diferenças entre passado, presente e futuro não passam de uma ilusão". Mas este canal funciona apenas para a transmissão de informação; a informação externa entra nele muito raramente, e apenas em casos de emergência. Por exemplo, quando uma pessoa ou os seus familiares são ameaçados por algum perigo. Talvez seja por isso que sentimos o olhar de estranhos: nos tempos primitivos, um olhar para trás de um predador ou de um estranho significava uma ameaça à vida.

Com base nesta teoria, alguns investigadores acreditam que as doenças psiquiátricas começam com uma "quebra" do mecanismo de troca entre o cérebro e o campo de informação do mundo: uma pessoa começa a receber informações que não consegue avaliar corretamente e aceita-as como realidade. Qualquer médico já se deparou com o facto de os doentes mentais por vezes preverem claramente o futuro. Mas, com a ajuda de medicamentos, o "acesso não autorizado" é rapidamente bloqueado e a pessoa volta ao normal. Acha que isso é contrário à ciência? Talvez. Mas o académico A. N. Krylov acreditava que "a maior heresia científica é pensar que já atingimos o limite do conhecimento sobre o mundo ou que estamos prestes a atingi-lo".

O pioneiro construtor de aviões John William Doonne, que construiu, entre outras coisas, o primeiro avião militar britânico, era um visionário famoso. Prestava muita atenção aos seus sonhos e, em 1927, publicou mesmo um livro, Thoughts on Time, no qual tentava compreender o fenómeno dos sonhos proféticos. Dunn afirma ter tido o seu primeiro sonho real em 1916. Ele e antes disso tinha tido sonhos proféticos, relacionados principalmente com vários acontecimentos mundanos e quotidianos. Mas nessa noite sonhou com uma explosão numa fábrica de munições que matou muitas pessoas. Dunn tentou apelar à direção da fábrica, mas riram-se dele. Dois meses depois, em janeiro de 1917, uma explosão numa fábrica de bombas em Londres matou setenta trabalhadores e feriu mais de mil.

Num outro sonho registado por Dunn, viu um jornal com a notícia de que uma erupção vulcânica no Extremo Oriente tinha matado quatro mil pessoas. Menos de uma semana depois, o carteiro trouxe-lhe um jornal com a mesma manchete, mas o número de vítimas era de cerca de quarenta mil - o cientista estava dez vezes errado.

Dunn acreditava que o bio-campo unificado da humanidade avisa as pessoas particularmente sensíveis sobre as tragédias que se aproximam e, ao ter este facto em conta, é possível reduzir significativamente o número de potenciais vítimas.

Em 1966, o Dr. J. C. Barker, um psiquiatra inglês de Shrewsbury, interessou-se pela investigação de Dunn. Em Inglaterra, tinha acabado de ocorrer a chamada tragédia de Aberfan - um desmoronamento numa mina de carvão que matou cento e quarenta e quatro pessoas. Barker publicou no jornal "Evening Standard" um pedido de resposta àqueles que viram num sonho um aviso do desastre que se aproximava. Recebeu cerca de uma centena de cartas com relatos de sonhos proféticos sobre Aberfan. Trinta e cinco das cartas foram corroboradas por testemunhos oculares: os sonhadores tinham contado o sonho aos seus familiares ou amigos.

Barker concluiu que, no futuro, poderia ser possível prever catástrofes através do estudo dos sonhos das pessoas. No entanto, Barker nunca explicou como é que as pessoas sonham, provavelmente porque a resposta estaria muito longe tanto da ciência como da medicina que ele estava a estudar. Mas vale a pena reconhecer o seu indubitável contributo de investigação para o estudo dos sonhos proféticos.

O professor americano William Cox também se dedicou a uma investigação semelhante. Conseguiu provar, através de estatísticas, que os comboios e os aviões envolvidos em catástrofes compram sistematicamente menos bilhetes do que voos semelhantes sem acidentes. O seu estudo foi bastante extenso: Cox analisou mais de uma centena de voos "catastróficos" e mais de dez mil voos "normais". Ele próprio acreditava que as pessoas recebiam notícias de catástrofes iminentes durante o sono, mas este facto não foi documentado. Não é necessário, pensamos nós, determo-nos apenas nos sonhos: o cérebro humano tem muitas mais formas de receber informação, das quais a ciência oficial ainda não suspeita. Falaremos sobre isso nos capítulos seguintes.

A proeminente investigadora russa do cérebro, neurofisiologista e académica Natalia Bekhtereva, surpreendentemente, acreditava em sonhos proféticos. Embora afirmasse que os sonhos não podiam ter qualquer relação com o futuro e que, por isso, os livros de sonhos não deviam ser levados a sério, estipulava sempre (contradizendo-se em parte) que na sua vida "houve vários sonhos que se revelaram proféticos. E um deles era incrivelmente profético, até aos pormenores. Era um sonho sobre a morte da minha mãe. A minha mãe estava viva e bem, a descansar no sul, e pouco antes disso eu tinha recebido uma boa carta dela. E no meu sonho, quando adormeci à tarde, sonhei que o carteiro vinha ter comigo com um telegrama que me informava que a minha mãe tinha morrido. Fui ao funeral, encontrei pessoas que nunca tinha visto antes, cumprimentei-as, chamei-as pelo nome - tudo isto num sonho. Quando acordei e contei o sonho ao meu marido, ele disse-me: "Tu, um especialista em cérebro, acreditas mesmo em sonhos?" Para resumir a história, apesar de estar firmemente convencida de que devia voar até à minha mãe, fui convencida a não o fazer. Ou melhor, deixei-me convencer a mim própria a não o fazer. Bem, dez dias depois, tudo aconteceu exatamente como no meu sonho. E até ao mais ínfimo pormenor. Por exemplo, há muito que me tinha esquecido da palavra "conselho de aldeia", nunca precisei dela. Mas no meu sonho eu estava à procura do conselho da aldeia e na realidade tive de o procurar - é essa a história. Aconteceu-me pessoalmente, mas não sou o único. Há muitos outros casos de sonhos proféticos e até de descobertas científicas em sonhos.

Não há forma de o explicar. É melhor não ser sábio e dizer diretamente: uma vez que não pode ser explicado por nenhuma das formas científicas modernas, temos de assumir que o futuro nos é dado antecipadamente, que já existe. E podemos, pelo menos em sonho, entrar em contacto com uma Inteligência superior, ou com Deus - com alguém que tem conhecimento desse futuro. Gostaria de esperar por formulações mais definitivas, porque o progresso na direção tecnológica da ciência do cérebro é tão grande que talvez venha a ser descoberto algo mais que também esclareça este problema".

Formação em situações extremas

Um pesadelo num sonho nem sempre é um sinal de que algo está errado com a sua saúde. O cérebro utiliza frequentemente os sonhos para simular circunstâncias extremas. Depois de ver, ou melhor, de experimentar uma situação extrema num sonho, podemos lidar com ela muito mais facilmente na realidade.

Pense nos cães que dormem com as patas estendidas como se estivessem a perseguir alguém. Depois de ter recebido algumas informações da realidade, o cérebro cria uma situação de treino, repetindo possíveis acontecimentos futuros à "velocidade da marcha lenta". Por exemplo, uma pessoa assistiu a uma luta de rua e depois, num sonho, participou nela: o cérebro, com base na experiência adquirida através dos sentidos, ensina-lhe como agir numa situação dessas.

O famoso biólogo M. Berg contou uma vez que teve um sonho em que estava a conduzir um carro e um controlador de tráfego acenava com o seu bastão, indicando-lhe que a passagem estava fechada e que devia seguir por uma rua perpendicular. Quando Berg virou a esquina, um camião pesado surgiu de repente e ele não conseguiu evitar a colisão. O biólogo não chegou a saber como é que tudo terminou - foi então que acordou. De manhã, foi tratar dos seus afazeres e, no mesmo cruzamento do sonho, o controlador de tráfego ordenou-lhe que virasse numa rua secundária. O cientista ficou tão assustado que não virou, estacionou e viu o camião com que tinha sonhado a dobrar a esquina a grande velocidade.

Oficina de sonhos

O Japão criou um aparelho capaz de simular sonhos. O aparelho chama-se "Yumeni Kobo", que significa "oficina de sonhos". O princípio de funcionamento do aparelho é simples: antes de adormecer, a pessoa olha para a imagem do que quer ver no sonho. Depois disso, é gravada uma história na memória do aparelho, que se tornará o cenário de um sonho futuro.

A máquina reproduz a voz gravada para a pessoa, amplificando as sensações com sinais de luz e som, bem como com odores especiais. Após oito horas, a máquina acorda suavemente o utilizador, imitando o nascer do sol com a ajuda de uma luz crescente (sabe-se que um despertar repentino pode fazer esquecer o sono).

Até agora, mesmo segundo os criadores, a máquina tem alguns inconvenientes: alguns utilizadores queixaram-se de que os seus sonhos não seguiam a sequência da história e alguns até acordaram com os sons produzidos pela máquina. Mas, apesar disso, uma parte significativa dos que testaram a ação da máquina diz que viu exatamente o que queria ver.

No entanto, muitas pessoas aprendem a controlar os seus sonhos sem qualquer máquina. Os sonhos são um tesouro de conhecimento e experiência", diz o Lama tibetano Tartang Tulku, "mas são frequentemente subestimados como meio de aprender sobre a realidade. No estado de sonho, o nosso corpo descansa, mas podemos ver e ouvir, movimentarmo-nos e até aprender. O uso correto do sono equivale a duplicar a nossa vida: em vez de cem anos, vivemos duzentos.

Os índios mexicanos também falavam dos sonhos de uma forma semelhante. Os livros do etnógrafo Carlos Castaneda descrevem em pormenor como um xamã índio o ensinou a gerir os seus sonhos e até a obter deles as informações necessárias.

De facto, tudo o que é conhecido pelo nosso subconsciente mas que está escondido de nós, podemos aprender com os sonhos. Estas práticas são atualmente designadas por "sonho lúcido" (da expressão inglesa "lucid dreaming"). Trata-se de um estado de consciência alterado especial em que uma pessoa se apercebe de que está a sonhar e pode controlar o curso do sonho. Já foram escritos muitos livros sobre este tema e existem sítios na Internet dedicados ao sonho lúcido. As pessoas que praticam esta técnica afirmam que experimentam sensações nos sonhos que excedem a qualidade e a realidade das sensações em estado de vigília.

Se decidiu experimentar a técnica do sonho consciente, antes de adormecer, tente formular o problema que quer resolver no seu sonho. Tente visualizar todas as condições do problema, até ao mais ínfimo pormenor, e, ao adormecer, pense no facto de que tem de encontrar uma solução. Talvez, enquanto tiver pouca experiência na gestão de sonhos, não sonhe com a solução, mas não é de excluir que no dia seguinte se aperceba subitamente de como deve atuar.

Nunca tenha medo das dificuldades e dos perigos que encontra nos sonhos. Se encontrar um inimigo, vai derrotá-lo; se se aperceber de que não consegue lidar com a situação sozinho, peça ajuda à sua família e amigos ou pense num ajudante todo-poderoso. Caiu no abismo - não se assuste, tente voar até ao fundo, mas ao mesmo tempo tente abrandar o seu voo. Para o fazer, em primeiro lugar, segundo os especialistas, é preciso perceber que se está a dormir. Para o fazer, existem algumas técnicas simples. Pode tentar beliscar o nariz com os dedos e, se isso não o impedir de respirar, significa que está a sonhar e que já começou a conseguir. Pode também tentar furar a palma da mão com o dedo, tentar descolar-se, ou olhar para as suas mãos ou para um espelho: as suas mãos ou o seu reflexo no sonho não serão estáveis (como na realidade), mas trémulos, fantasmagóricos, em constante mudança.

Embora o fenómeno do "sonho consciente" seja ainda pouco compreendido pela medicina e pela psicologia modernas, é já amplamente utilizado para fins psicoterapêuticos.

Os psicanalistas acreditam que muitos dos nossos problemas têm origem em traumas psicológicos tão graves que a nossa consciência os escondeu profundamente e, por isso, não conseguimos compreender a causa dos nossos problemas actuais. Durante o sono, no entanto, não há resposta comportamental e, por isso, os sonhos conscientes podem ajudar-nos não só a recordar os acontecimentos que traumatizaram a nossa psique, mas também a revivê-los, "reprogramando" um resultado favorável. Isto ajuda muitas pessoas a livrarem-se de complexos, medos ou fobias.

CAPÍTULO VI. MEMÓRIAS ESQUECIDAS. COMO LEMBRAR-SE DE COISAS QUE NEM SEQUER SABE. EXERCÍCIO CEREBRAL

O famoso psicólogo e filósofo soviético S. L. Rubinstein disse um dia: "Sem possuirmos memória, seríamos criaturas durante uma hora. O nosso passado estaria morto para o futuro. O presente desapareceria irrevogavelmente no passado. O homem não seria capaz de utilizar os conhecimentos, as competências, as capacidades e as experiências dos seus antecessores. Também não haveria uma vida mental que unisse a consciência do indivíduo num todo, e seria impossível levar a cabo a aprendizagem contínua que continua ao longo das nossas vidas e que faz de nós aquilo que essencialmente somos."

A questão da organização da memória tem ocupado a humanidade desde a Antiguidade. Aristóteles, o pai da filosofia, e talvez quase todas as pessoas que alguma vez reflectiram sobre o sentido da vida e a perecibilidade de todas as coisas, reflectiram sobre o assunto. Desde os tempos do antigo médico Galeno, que acreditava que as nossas impressões são armazenadas em ventrículos especiais do cérebro, a ciência avançou muito.

Dois armazenamentos de memória

Hoje em dia, a maioria dos especialistas adere à teoria do cientista canadiano D. Hebb, que em 1949 publicou uma hipótese sobre a dualidade dos traços de memória e identificou dois "armazenamentos": a curto prazo e a longo prazo. Na sua opinião, a memória de curto prazo representa a primeira etapa da formação de um engrama, ou traço de memória. Caracteriza-se pelo tempo de armazenamento da informação, de fracções de segundos a dezenas de minutos, e é facilmente destruída por influências como choques eléctricos, traumatismos cranianos, anestesia. A quantidade de informação é limitada e os vestígios posteriores substituem os anteriores.

A memória de longo prazo transforma as impressões num estado estável. Não está sujeita a acções destrutivas e o seu tempo de armazenamento não é limitado. Acredita-se que o mecanismo desta forma de memória é constituído por alterações neuronais sustentadas.

Graças à memória a curto prazo, "vivemos": lembramo-nos onde estamos, quem está à nossa volta, que acções devemos tomar, etc. A memória a longo prazo permite-nos fazer referência a experiências passadas e aos resultados das nossas reflexões passadas.

Acredita-se que uma grande parte do córtex cerebral esteja envolvida na formação e armazenamento da memória de longo prazo, mas como o córtex foi muito pouco estudado, trata-se de uma suposição. Não existe um local específico para armazenar uma determinada memória: os "entalhes" da memória no córtex cerebral estão amplamente dispersos e também repetidamente duplicados. Mas já se verificou que a perda de memória ocorre mais frequentemente em lesões dos lobos frontal e temporal do cérebro. Acredita-se que, no processo de aprendizagem de qualquer conhecimento, a área temporal estabelece uma ligação com os locais onde os traços de memória são armazenados.

No final do século XIX, um importante neuropatologista russo, S. S. Korsakov, provou o envolvimento direto do hipocampo no processo de recordação. Como resultado da sua investigação, determinou que os doentes com lesões em ambos os hipocampos não têm alterações de personalidade, reagem de forma bastante adequada ao que está a acontecer, mas após alguns minutos esquecem completamente tudo o que aconteceu recentemente. Estas pessoas também conseguem efetuar operações matemáticas e outras, mas são incapazes de assimilar novas informações. Por exemplo, não conseguem ver filmes na televisão, porque durante os anúncios conseguem esquecer completamente o conteúdo da parte anterior. Mas se o filme for passado na íntegra, eles conseguem, sem esquecer o conteúdo, vê-lo até o fim. Por isso, acredita-se que o hipocampo assegura a transferência de informação da memória de curto prazo para a memória de longo prazo.

O estudo dos processos de memória foi previsto no início do século passado pelo académico I.P. Pavlov, que afirmou que "a verdadeira teoria de todos os fenómenos nervosos só nos dará o estudo dos processos físicos e químicos que ocorrem no tecido nervoso, cujas fases nos darão uma explicação completa de todas as manifestações externas da atividade nervosa, da sua sequência e ligação".

Já em 1943, menos de uma década após a morte de Pavlov, o histoquímico sueco Hiden sugeriu que a base do pensamento era o metabolismo dos ácidos nucleicos.

Até à data, as teorias mais populares da memória podem ser divididas em dois grupos. O conceito subjacente ao primeiro grupo é o das teorias bioquímicas da memória, segundo as quais a informação proveniente do exterior do cérebro é codificada em moléculas de ácido ribonucleico ou noutras macromoléculas.

O conceito do segundo grupo é que o processo de memória consiste na criação de um novo sistema estruturado, na formação de novas ligações entre as células nervosas. Entre os cientistas mais conceituados, há muitos apoiantes de cada um destes grupos de teorias. Apenas uma coisa pode ser dita com firmeza: sabemos muito pouco sobre os processos de memória.

Atualmente, muitos institutos médicos estão a trabalhar na cura da doença de Alzheimer e quase todos os meses são lançados novos medicamentos no mercado. Curiosamente, os ensaios clínicos mostram efeitos positivos de medicamentos desenvolvidos com base no primeiro grupo de teorias e no segundo. Mas, infelizmente, todos estes remédios ainda são muito fracos e ainda é muito cedo para falar sobre as perspectivas de derrotar as perturbações da memória.

"A doença de Alzheimer é uma doença da civilização.

Como sabemos, com o passar do tempo, os vasos sanguíneos sofrem alterações: as suas paredes tornam-se rígidas e perdem elasticidade. Este processo ocorre no fígado, no pâncreas e noutros órgãos. Mas o envelhecimento dos vasos cerebrais é o que mais preocupa a humanidade.

Com a idade, qualquer pessoa torna-se distraída e a capacidade de concentração durante longos períodos de tempo diminui. No entanto, muitos especialistas são cautelosos quanto à teoria de que a função da memória também enfraquece necessariamente. Embora o processo de envelhecimento possa certamente afetar a memória, muito depende da sua localização. Há muitos exemplos de pessoas com vasos cerebrais fracos e frágeis cuja memória não é afetada de todo. Podemos recordar pelo menos o fundador da microbiologia, o autor de grandes descobertas do final do século XIX, Louis Pasteur, que viveu 73 anos e, até à sua morte, manteve a atividade criativa, embora numa idade precoce, devido a uma lesão vascular, quase tenha perdido todo o hemisfério do cérebro.

Pensa-se que não são apenas as doenças do cérebro, mas também de muitos outros órgãos que levam a um declínio da função da memória. Os factores emocionais também têm um impacto muito negativo nas nossas funções de pensamento. Está provado que uma pessoa que está constantemente preocupada com alguma coisa, que está preocupada com alguma coisa, o envelhecimento do cérebro é mais rápido. Neste caso, não se trata de pensar e de procurar soluções frutuosas para alguns problemas, mas de nos enchermos de emoções negativas. Interessante é a investigação do biólogo israelita M. Aronson, que no seu trabalho publicado em 2001 provou que as horas de visionamento de programas de televisão pioram a memória e aumentam a probabilidade de demência.

A demência na velhice tem sido referida por muitos como "a doença da civilização". De facto, até meados do século XIX, a esperança média de vida de 80% da população do nosso planeta era de cerca de trinta e sete anos. Atualmente, um século e meio mais tarde, nos países desenvolvidos, é de setenta anos, ou seja, quase duplicou. Kaari Christensen, chefe da equipa de investigação da Universidade do Sul da Dinamarca, afirma que a esperança de vida nos países ocidentais tem vindo a aumentar linearmente desde 1840 e não há sinais de abrandamento.

Devido a esta curta esperança de vida, muitas doenças que se desenvolvem após os 45-50 anos de idade quase não foram observadas ou mesmo descritas em fontes médicas históricas até tempos recentes. Embora os médicos e filósofos da Grécia e Roma antigas mencionem o declínio mental senil (que aparentemente não era um grande problema nessa altura), este foi descrito pela primeira vez pelo psiquiatra alemão Alois Alzheimer apenas em 1906, com base numa análise das observações de Augusta D., de 50 anos.

Nos cinco anos seguintes, apareceram mais onze descrições semelhantes na literatura médica, e os autores de algumas delas já usavam o termo "doença de Alzheimer".

Em 1910, Emil Kraepelin identificou a doença de Alzheimer como uma doença autónoma, mas durante a maior parte do século XX foi diagnosticada apenas em doentes relativamente jovens, entre os 45 e os 65 anos. Só na conferência de 1977 sobre a doença de Alzheimer é que se concordou que as manifestações clínicas e patológicas eram idênticas, independentemente da idade.

Atualmente, existe uma camada crescente de pessoas que sofrem desta doença sem perspectivas de recuperação. A doença de Alzheimer começa impercetivelmente, mais frequentemente após os 55-60 anos de idade, normalmente com uma falta de higiene básica: a pessoa deixa de se lavar, de cortar as unhas, de mudar a roupa interior. Depois, começa a passar cada vez mais tempo em inatividade e, em breve, surge a chamada afasia - o doente deixa de compreender o discurso que lhe é dirigido, responde de forma inadequada ou, em geral, sobre outro assunto. Depois, o doente deixa de reconhecer os outros, os seus movimentos tornam-se imprecisos, podem surgir alucinações, ataques epilépticos e paralisias instáveis.

Como já foi referido, ainda não existe cura para esta doença. Uma das pessoas mais famosas do mundo, o antigo Presidente dos Estados Unidos Ronald Reagan (um homem muito rico, diga-se de passagem), informou os seus concidadãos, em novembro de 1994, que sofria da doença de Alzheimer e que, por isso, se retirava das actividades públicas. Em 2000, o seu médico John Hutton admitiu que a saúde do ex-presidente estava a deteriorar-se constantemente e que ele só reconhecia a sua mulher: "Para ele, só existe a Nancy". Mas rapidamente Reagan deixou de a reconhecer também. Reagan passou os seus últimos anos na sua própria casa em Beverly Hills e morreu em 2004, com 93 anos.

Mas não são só os ricos e os famosos que sofrem. Atualmente, a doença de Alzheimer afecta cerca de 27 milhões de pessoas em todo o mundo. E o número daqueles que têm medo de a contrair, ao que parece, é muitas vezes superior. Os especialistas aconselham a não se preocupar, porque o que está destinado a acontecer, de qualquer forma, não pode ser evitado e, para além disso, a ansiedade aumenta o risco da doença. A melhor prevenção desta doença é o desenvolvimento e o treino da memória, que por vezes falha mesmo em pessoas bastante saudáveis.

O fenómeno da "ponta da língua"

O nosso esquecimento surpreende-nos a nós próprios. Temos uma palavra na ponta da língua, mas não nos lembramos dela. E a palavra é-nos familiar, é-nos conhecida desde a juventude, usamo-la pelo menos uma vez por semana, bem, talvez duas vezes por semana... Mas depois desaparece-nos da mente, e é isso....

O estudo deste fenómeno foi estimulado por um escriturário italiano de 41 anos, L. S., que, na sequência de uma queda de um cavalo, sofreu uma contusão no lado esquerdo do crânio. Após o acidente, reconhecia facilmente os conhecidos, lembrava-se de várias informações sobre eles, mas não se lembrava dos seus nomes. Os nomes "fugiam-lhe" completamente da memória, e até à sua esposa era obrigado a chamar "mulher". Pensava constantemente que estava prestes a lembrar-se do nome correto, mas este nunca lhe voltava à memória. Isto aconteceu em 1988, pelo que a investigação sobre este fenómeno não é muito antiga.

Pensa-se que uma pessoa comum sofre deste tipo de esquecimento, em média, pelo menos uma vez por semana. O fenómeno da "ponta da língua", diz Benet Schwartz, um psicólogo da Universidade Internacional da Florida que estuda o fenómeno, "é um efeito secundário fundamental da forma como o nosso cérebro está estruturado". Curiosamente, a "ponta da língua" não é apenas uma metáfora russa; encontra-se em muitas línguas do mundo, incluindo o hindi e o árabe, pelo que a sensação de esquecer uma palavra é a mesma para todos.

Acontece que a nossa memória é um lugar bastante confuso e o seu armazenamento parece estar organizado de forma descontrolada: os nomes são guardados separadamente dos rostos, as palavras e os seus significados também parecem estar separados uns dos outros.

Não nos lembramos da palavra que está na ponta da língua, não porque a tenhamos esquecido, mas porque perdemos a "prateleira" onde ela se encontra. Contrariamente à crença popular, a nossa memória não é de todo como um clássico armário de arquivo, mas sim como um disco rígido de um computador - a informação é escrita onde quer que haja espaço livre no momento.

Durante a maior parte do século XX, os cientistas acreditavam que o nosso cérebro tinha um sistema de índices que lhe indicava claramente onde ir buscar a próxima peça de conhecimento de que necessitava num determinado momento. Esta teoria foi designada por modelo de "acesso direto", o que significa que o cérebro consciente tem acesso direto aos conteúdos do inconsciente. Mas agora, graças ao italiano L. S., a teoria do armazenamento de dados na nossa memória mudou. Hoje em dia, a teoria de que o cérebro não tem acesso direto às memórias, mas faz suposições com base noutras informações de que se pode lembrar no momento, está a tornar-se cada vez mais popular.

A melhor prova desta teoria é o facto de ser muito fácil induzir sensações na "ponta da língua". Basta fazer uma pergunta a uma pessoa que conclua uma definição vaga de um termo não muito comum. Por exemplo, "pagamento gratuito obrigatório", ou algo semelhante - há bastantes perguntas deste género nas palavras cruzadas. Uma certa percentagem de pessoas dirá que a palavra está a rolar na ponta da língua e que estão prestes a lembrar-se dela, mas a espera pode ser longa. E, já agora, a resposta é simples - "imposto".

O psicólogo Daniel Schacter, da Universidade de Harvard, analisando o cérebro de voluntários, chegou à conclusão de que, durante a manifestação deste fenómeno, certas áreas dos lobos frontais são activadas, incluindo o córtex pré-frontal e o córtex cingulado anterior. Pensa-se que estas zonas são responsáveis por funções cerebrais superiores. Durante o estado de ponta da língua, é provável que estejam envolvidos em duas tarefas distintas. Em primeiro lugar, estão ocupados a desempenhar uma função metacognitiva (no nosso exemplo, a tentar perceber os factores que bloqueiam a procura de uma definição adequada). Ao mesmo tempo, tendo-se apercebido de que a palavra necessária não foi encontrada, começa a procurar aleatoriamente nos arquivos do inconsciente, ou, pelo contrário, procura-os por ordem (por exemplo, da esquerda para a direita), mas sem qualquer sistema mais profundo. É por isso que, por vezes, a palavra certa é recordada rapidamente e, outras vezes, só depois de várias horas. É uma simples questão de sorte - se está mais perto ou mais longe nas profundezas do inconsciente.

Com o passar dos anos, os lobos frontais envelhecem, o seu tamanho e densidade diminuem e torna-se mais difícil para eles procurar o resto do córtex, razão pela qual o fenómeno da "ponta da língua" acontece com mais frequência à medida que envelhecemos. Não perdemos a memória, perdemos a capacidade de encontrar algo rapidamente nessa memória.

Outro fenómeno diretamente relacionado com o fenómeno da "ponta da língua" é o bloqueio da memória. Só que aqui não é uma palavra específica que é esquecida, mas algo mais abrangente. Por exemplo, sobre o que era o filme que viu na semana passada. Não se consegue lembrar, é só isso. "Estou encravado", queixa-se, e está muito próximo da verdade. Tal como quando um objeto encrava, assim é aqui - a força não ajuda, só pode piorar a situação. Quanto mais se preocupa, mais longe está da solução. Tente distrair-se da questão que lhe interessa, beba água, fale com alguém sobre um assunto distraído, deixe os seus pensamentos voarem para longe, e o desejado virá até si por si.

Pode acontecer algo deste género, por exemplo, se formos subitamente abordados na rua com um pedido de entrevista, ou se tivermos acabado de chegar para um exame. Aprendemos tudo, sabemos tudo, lemos com prazer uma pergunta conhecida no bilhete e, de repente, apercebemo-nos com horror que, apesar de termos estudado, nos esquecemos...! Infelizmente, esta é uma situação dolorosamente familiar.

A excitação provoca frequentemente alterações na voz das pessoas, que se torna demasiado aguda ou demasiado baixa. A questão é que, devido à excitação ou à excitação do centro da fala, o tom dos músculos laríngeos e das cordas vocais aumenta ou, pelo contrário, este tom desce quase até zero. Muitas pessoas chamam à voz um espelho do eletroencefalograma, cujas características "correctas" são uma garantia de um funcionamento cerebral eficaz. Se a voz está "presa", então, de acordo com o princípio do feedback, o cérebro também está "preso".

Já deve ter reparado que as pessoas que mantêm a cabeça sóbria em situações críticas falam sem elevar a entoação, o que significa que encontram sempre as palavras certas e tomam as decisões correctas.

A primeira coisa a fazer se a sua voz falhar é mudar imediatamente para o seu tom e volume normais. Isto irá aliviar imediatamente a sobre-excitação do córtex cerebral como um todo. Resumindo - é necessário acalmar-se, e lembrar-se-á de tudo.

A dieta da recolha

A memória é um pouco como um músculo e, como quase todas as capacidades humanas, pode ser treinada. Como em qualquer treino, deve começar com uma nutrição adequada. Portanto,

- comer mais fruta e legumes;

- Substituir os produtos de farinha por produtos de cereais integrais;

- desistir das gemas de ovo e da manteiga;

- Tente consumir leite magro e produtos lácteos com baixo teor de gordura;

- Reduzir ou evitar o borrego e a carne de vaca;

- beber mais água;

- e, mais importante, nunca esquecer o pequeno-almoço.

Ao acordar de manhã, uma pessoa saudável que tenha dormido bem sente-se descansada. Mas o seu cérebro esteve a trabalhar toda a noite, ainda que de forma enfraquecida, a classificar as impressões do dia. É um disparate pensar que não precisa de ser refrescado. Se quiser reforçar a sua memória, o pequeno-almoço não deve ser um conforto para o estômago, como uma chávena de café e uma sanduíche, mas sim uma ajuda para o cérebro. O pequeno-almoço ideal neste caso poderia ser:

- um copo de sumo e uma tigela de papas de aveia;
- uma tigela de muesli com leite e um copo de sumo;
- Torrada de pão de cereais, queijo, copo de sumo.

Se ainda não conseguir deixar de beber chá ou café, tente reduzir a quantidade de açúcar consumida: embora no início este, tal como a cafeína, active os processos cerebrais, mas depois estes param e o cérebro cansa-se muito mais depressa do que sem uma "pancada de açúcar".

O almoço e o jantar podem ser como está habituado, mas ao nutrir o seu corpo, não se esqueça de nutrir o seu cérebro. Ele precisa de fósforo, que ajuda na formação das células cerebrais. Os alimentos que contêm fósforo incluem feijão, aipo, couve-flor, pepino, rabanete e nozes.

O enxofre é necessário ao cérebro para manter a capacidade de oxigenação das células. Encontra-se em abundância nas couves, cenouras, alho, figos e batatas.

O zinco aumenta o desempenho mental e encontra-se no trigo germinado e no farelo de trigo.

O cálcio é necessário para os processos hematopoiéticos. Encontra-se nos alperces, maçãs, cerejas, uvas, beterrabas, couves, cenouras, legumes verdes, amêndoas, laranjas, pêssegos e morangos.

O ferro assegura a composição normal do sangue, sem o qual muitos processos vitais no tecido cerebral são impossíveis. O ferro é abundante no feijão, mostarda, ervilhas, ananás, tomate, arroz e marisco.

O magnésio alivia as insónias e a ansiedade. Encontra-se nas amêndoas, na alface, na hortelã, na chicória, nas azeitonas, nos amendoins, na abóbora, nas ameixas, nas nozes e nos cereais integrais.

Não se esqueça das vitaminas mais importantes para o cérebro dos grupos E e B. As suas principais fontes são as folhas de salada, o óleo de girassol, as nozes, o feijão, o arroz polido, a couve, os espinafres, a toranja, o melão, o abacate e as bananas.

O cérebro também precisa de muito oxigénio - e as batatas, a salsa, a hortelã, o rábano, os rabanetes, as cebolas e os tomates podem fornecê-lo.

E não se esqueça de comer uma maçã por dia!

Treino da memória: exercícios simples

Se quer desenvolver a sua memória, então, avisamo-lo desde já, não tente memorizar qualquer coisa - a memorização mecânica não leva a nada. Aborde o processo de memorização de uma forma significativa.

- Depois de ler um texto, tenta compreender os seus pontos principais. Pode escrevê-los brevemente ou simplesmente sublinhar os pontos-chave.

- Reler o texto uma segunda vez, prestar atenção às nuances, tentar relacioná-las com a ideia principal.

- Pode então formular as perguntas a que o texto não respondeu e tentar encontrá-las noutras fontes.

A propósito, pensa-se que as pessoas mais velhas absorvem melhor a informação especializada do que os jovens, uma vez que a sua memória e o seu pensamento estão mais estruturados.

Se for difícil lembrar-se de um nome ou termo, utilize o método da associação. Por exemplo, se precisar de se lembrar que o nome do poeta é Pushkin, pense em canhões e imagine uma imagem que o ajude a lembrar-se da palavra.

Um código de entrada não recordado também pode ser associado a algo. O código "740", por exemplo, com a melodia judaica "Seven-Forty", o código "812" - com a guerra interna contra Napoleão, e assim por diante. Se o número for inconveniente e não estiver ligado a uma data específica, pode modificá-lo de alguma forma. Por exemplo, "5312" pode ser facilmente transformado em "812", lembrando que o oito forma "5+3". O número de telefone também pode ser dividido em dígitos memoráveis.

Antes de qualquer conversa importante, mesmo com entes queridos, fale sempre o seu discurso para si próprio. Determine o ponto principal que quer transmitir sem se distrair com trivialidades.

Quando vai às compras ou viaja, reserve algum tempo para fazer uma lista do que precisa de comprar ou levar consigo. Quando estiver a fazer compras ou simplesmente a comprar mercearias, ponha de lado a calculadora e tente fazer todos os cálculos verbalmente: isto é bom para o pensamento e evita que o seu cérebro "estagne".

É bom começar a aprender uma língua estrangeira.

E não se esqueça de fazer um esforço para manter os seus níveis de tensão arterial, insulina e colesterol controlados. Está provado que a tensão arterial elevada, bem como a diabetes e as doenças cardiovasculares, desencadeiam a doença de Alzheimer.

Deja vu - um colapso mental ou memórias de vidas passadas?

"Já me aconteceu! - Muitas vezes exclamamos: "mas só quando...". E começamos a percorrer as nossas memórias como um rosário. Mas, infelizmente, a resposta nunca chega. Os cientistas chamam a este estado "deja vu" (do francês deja vu - já visto).

A menção a este estado encontra-se em Platão na sua teoria da anamnese, ou seja, da recordação. Ele, considerando a alma imortal, acreditava que o processo de cognição nada mais é do que a memória das idéias que a alma contemplava antes de sua união com o corpo.

Este estado foi descrito pela primeira vez pelo psicólogo francês Emile Boirac (1851-1917) no seu livro A Psicologia do Futuro. Não se pode prever o que vai acontecer no momento seguinte, mas à medida que os acontecimentos ocorrem, recorda-se deles e apercebe-se de que tudo isto já lhe aconteceu antes. Mas onde e quando...? A resposta a essa pergunta, infelizmente, não se encontra. A sensação de déjà vu é por vezes tão forte que é recordada durante anos ou mesmo durante toda a vida. Acredita-se que 97% das pessoas já o experimentaram pelo menos uma vez na vida, mas é impossível induzi-lo artificialmente, e ocorre muito raramente. Os cientistas acreditam que a causa deste estado é a interação de processos nas áreas do cérebro responsáveis pela memória e perceção. A teoria mais difundida diz que, quando ocorrem ligações neuronais adicionais, a informação pode chegar à área da memória mais cedo do que ao aparelho de análise primário, e o cérebro, comparando a situação com a sua cópia já na memória, decide que ela já aconteceu.

Mas recentemente surgiu a teoria de que o déjà vu ocorre porque o cérebro, por exemplo durante o sono, já "jogou" uma situação semelhante, programando o seu dono para um determinado comportamento, e por isso parece-nos que já nos aconteceu.

Há também uma opinião de que o déjà vu é a defesa natural do cérebro contra o novo e o desconhecido: quando assustado por algo desconhecido, cria falsas memórias, tentando convencer o seu proprietário de que não há nada de novo no que está a acontecer e que algo semelhante já aconteceu uma vez antes....

No entanto, já a partir da presença de versões tão contraditórias se pode compreender que os cientistas ainda estão longe de decifrar o fenómeno do déjà vu. Muitos investigadores de renome não aceitaram de todo nenhuma destas versões. O famoso psicólogo, um dos pais da psicanálise, Carl Gustav Jung, por exemplo, estava convencido de que tinha vivido uma vida paralela no século XVIII. Por isso, todos os fenómenos de déjà vu eram para ele apenas explosões de existências paralelas.

Um dia Jung viu um quadro de um certo Dr. Stuckleberger, que viveu no século XVIII, e declarou imediatamente que os sapatos representados no quadro lhe tinham pertencido em tempos, pois lembrava-se deles nas suas visões.

Seguindo o Dr. Jung, cada vez mais investigadores acreditam que o déjà vu é apenas a memória da alma de vidas passadas noutros corpos. O único debate é se a alma consegue lembrar-se dos acontecimentos em si, ou se apenas se lembra das emoções que foram despoletadas por eles.

Muitos investigadores acreditam que existem três formas perfeitamente racionais para os adultos recordarem as suas vidas passadas: hipnose, meditação e sonho consciente. Para começar, pode utilizar o método do sonho consciente. Antes de adormecer, deve estabelecer o objetivo de ver as suas vidas anteriores num sonho e mantê-lo na sua mente até adormecer. Para não esquecer o sonho, o despertar deve ser natural, por isso não use um despertador. Tudo o que foi sonhado, mesmo que lhe pareça que não tem nada a ver com vidas anteriores, deve ser anotado. Talvez, depois de analisar cuidadosamente estes registos, consiga encontrar algumas "caudas" das suas vidas anteriores. Então poderá formular mais claramente o que gostaria de ver no seu próximo sonho consciente.

As pessoas que estão familiarizadas com os princípios básicos da meditação podem ser aconselhadas a meditar no seu desenvolvimento intrauterino e depois tentar entrar em tempos anteriores.

Infelizmente, na maioria dos casos não é possível recordar acontecimentos de vidas passadas, mas as emoções vividas nessa altura são bem recordadas, o que pode tornar-se a chave para se livrar de complexos e medos que o perseguem na sua vida atual.

Para concluir o tema do déjà vu, gostaria de dizer que só tu decides o que é este estado: uma falha de consciência ou um eco de vidas anteriores. E não há nada mais interessante do que descobrir isso por si próprio.

CAPÍTULO VII. EMOÇÕES E MEDOS - COMO SE ORIGINAM? PODEM SER CONTROLADOS?

A palavra "emoção" (do latim emoveo - ondular) designa um processo que reflecte a atitude subjectiva de avaliação de um ser humano (ou animal) em relação a situações reais existentes ou imaginárias. Embora os animais sejam os nossos irmãos mais novos na razão, não é deles que vamos falar agora. Como não há forma de analisar as experiências subjectivas dos animais, não temos, infelizmente, ninguém com quem nos comparar. As emoções humanas são geradas por experiências de prazer ou desprazer, medo, raiva, desconforto físico, etc., e desempenham o papel de orientar os sinais subjectivos, ou seja, reduzem-se ao processo de regulação interna da atividade.

A expressão das emoções é largamente moldada pela sociedade. Este facto pode ser verificado, por exemplo, em várias descrições etnográficas: cada nação tem a sua própria expressão de emoções em cada momento. Talvez tenha prestado atenção ao facto de as expressões faciais das pessoas cegas de nascença serem muito pobres; o facto é que aprendemos a exprimir as emoções por mímica, olhando para os outros.

Antes de mais, vamos definir a terminologia. Os especialistas distinguem as emoções de sentimento, afeto, humor e experiência.

Os sentimentos, ao contrário das emoções, são baseados em objectos: surgem em relação a alguém ou a alguma coisa, enquanto as emoções surgem em relação à situação como um todo. Ou seja, se tivermos medo, é uma emoção, e se tivermos medo de uma pessoa em particular, é um sentimento.

Os afectos, ao contrário das emoções, são de curta duração e têm sempre manifestações exteriores vivas. As emoções, por outro lado, são por vezes mesquinhas nos seus "efeitos"; podem nem sequer ser expressas exteriormente, mas duram muito mais tempo do que os afectos. Os afectos têm mais a ver com o que nos acontece, enquanto as emoções têm a ver com o que se passa dentro de nós.

Ao contrário dos estados de espírito, as emoções podem mudar muito rapidamente e fluir mais intensamente.

Ora, a vivência é uma parte exclusivamente subjectiva-psíquica dos processos emocionais que não inclui componentes fisiológicos.

As emoções que surgem numa pessoa não são necessariamente formadas pela situação em que ela se encontra, podem ser o resultado de memórias ou ideias sobre situações vividas ou apenas previstas, ou mesmo imaginárias.

As emoções são uma coisa social, são transmitidas de pessoa para pessoa e, por isso, a experiência emocional de uma pessoa inclui não só experiências individuais, mas também empatia, que pode surgir tanto no processo de comunicação como no processo de, por exemplo, perceção de obras de arte.

Agir ou relaxar?

As emoções dividem-se em esténicas e asténicas. As emoções esténicas estimulam a atividade ativa (entusiasmo, alegria, etc.), enquanto as asténicas relaxam ou paralisam a força (tristeza, mágoa, saudade, etc.).

Todas as emoções têm uma componente fisiológica. É muito simples: o nosso corpo tem de se preparar para o que vê, e a emoção é o melhor gatilho para todos os seus órgãos. Por exemplo, se nos assustarmos de repente, a adrenalina entra imediatamente no sangue, o trabalho dos órgãos sensoriais intensifica-se instantaneamente, os músculos ficam tensos e o trabalho dos órgãos digestivos abranda, a frequência do músculo cardíaco acelera, o reflexo de orientação é ativado, etc. Você, ou melhor, o seu organismo, graças à emoção vivida, está pronto para (perdoe-me a tautologia, mas o ponto aqui está apenas no paralelismo) um teste.

As emoções têm origem da seguinte forma: os impulsos provenientes de influências externas entram no cérebro em duas correntes. Um fluxo é dirigido para o córtex cerebral, o segundo - para formações subcorticais (hipotálamo, etc.). Foi estabelecido que na área subcortical existem estruturas nervosas especiais que são centros de sofrimento, prazer, agressão e calma. As emoções estão diretamente relacionadas com os instintos: uma pessoa, muito zangada, pode ranger os dentes, estreitar os olhos, assumir uma postura ameaçadora; comporta-se exatamente como um animal numa situação semelhante. O mimetismo dos animais superiores - primatas, cães, gatos e outros, aliás, neste aspeto, pouco difere do humano. Outra coisa é que o homem é muito mais socializado e, portanto, ao contrário dos animais, tem uma regulação volitiva das reacções emocionais.

Também. As emoções distinguem-se pela valência ou tom: são positivas e negativas. Infelizmente, uma pessoa tem várias vezes mais emoções negativas do que positivas. É assim a nossa vida. As investigações dos cientistas provaram que, independentemente *do* estatuto social, do nível de rendimento e *de* outras diferenças, qualquer pessoa tem apenas 40% de emoções - positivas e 60% - negativas.

É evidente que não só é impossível livrarmo-nos das emoções negativas, como também é prejudicial. Está provado que as emoções negativas não são menos importantes para o nosso organismo do que as positivas. No entanto, como seres sociais, somos obrigados a regular as nossas emoções sem nos colocarmos completamente à sua disposição.

Como gerir as emoções

Estamos constantemente a repreender-nos por termos perdido o controlo emocional numa ou noutra situação. Mas, infelizmente, como dizem os franceses, isso é "humor na escada": a compreensão de como deveríamos ter agido numa determinada situação só vem quando o momento agudo já passou, subimos "a escada" e começamos a repreender-nos pela intemperança. É claro que o medo, a raiva ou a alegria excessiva não são os melhores conselheiros. Fortes em retrospetiva, prometemos a nós próprios que, da próxima vez, nos comportaremos de forma razoável. Mas, infelizmente, da próxima vez, as nossas emoções, que se erguem como cavalos, voltam a ficar fora do nosso controlo.

É mais fácil reconhecer as emoções como um atavismo, herdado da pré-história, um mecanismo primitivo de adaptação: o medo, que nos faz fugir do perigo; a cólera, que mobiliza os músculos; o prazer, em busca do qual se esquece o cansaço... O célebre psicólogo suíço E. Klapared pensa assim: "A inutilidade ou mesmo o prejuízo das emoções é conhecida de todos. Imaginemos, por exemplo, uma pessoa que tem de atravessar a rua; se tiver medo dos carros, vai perder a calma e correr. A tristeza, a alegria, a raiva, enfraquecendo a atenção e o bom senso, obrigam-nos muitas vezes a realizar acções indesejáveis. Em suma, um indivíduo, uma vez dominado por uma emoção, 'perde a cabeça'."

O suíço tem razão numa coisa: se a nossa vida consistisse apenas em atravessar auto-estradas movimentadas, as emoções não teriam qualquer utilidade, mas, felizmente, a vida é muito mais rica. A frieza emocional interfere por vezes nas relações comerciais e é absolutamente inaceitável nas relações pessoais. Embora dez em cada dez pessoas gostassem de reduzir a manifestação das emoções a um mínimo suficiente, é impossível abandoná-las completamente. Até o antigo filósofo Marco Aurélio acreditava que o estado de espírito ideal era a impassibilidade, que se manifestava na experiência de uma pessoa apenas com emoções razoáveis. E o grande humanista renascentista Erasmo de Roterdão escreveu que há um e apenas um caminho para a felicidade: o principal é conhecermo-nos a nós próprios; depois, fazer tudo, não em função das paixões, mas de acordo com a decisão da razão.

No entanto, muitos psicólogos modernos são contra a contenção das emoções. Por exemplo, o psicólogo americano Robert Holt considera que a incapacidade de exprimir a raiva ou a fúria numa determinada situação conduz a uma deterioração significativa da saúde e que, se se reprimir regularmente a raiva, isso pode levar ao desenvolvimento de doenças tão graves como a úlcera péptica, a hipertensão, a enxaqueca, etc. Holt sugere que se aprenda a exprimir a raiva de forma construtiva, lembrando que uma pessoa que está tomada pela raiva está, na verdade, a tentar "estabelecer, restaurar ou manter relações positivas com os outros". O principal é tentar "exprimir os sentimentos com sinceridade, mantendo um controlo suficiente sobre a sua intensidade, que não é maior do que o necessário para convencer os outros da verdade das suas experiências".

Mas, infelizmente, a raiva é precisamente isso: uma perda de controlo, e tentamos não cair na raiva precisamente porque suspeitamos que não seremos capazes de manter a calma e canalizar essa explosão emocional de uma forma positiva.

O que fazer? Como ser uma pessoa emotiva, mas não deixar que as suas emoções transbordem para o limite?

Autorregulação

A humanidade tem tentado controlar as suas emoções desde a antiguidade. Os iogues indianos, por exemplo, observam que, se uma pessoa experimenta emoções desagradáveis, a sua respiração torna-se superficial ou intermitente, e se uma pessoa está excitada, assume posturas excessivamente tensas. Com base nestas observações, os antigos indianos criaram exercícios respiratórios que ajudam a alcançar a serenidade total. O homem moderno não procura a serenidade absoluta, mas as práticas iogues são amplamente utilizadas em diversas técnicas psicofísicas, nomeadamente no treino autogénico.

Este método de controlo mental foi proposto pela primeira vez pelo psicoterapeuta alemão I. Schultz em 1932. Os princípios básicos da sua metodologia ainda hoje são amplamente utilizados em caso de aumento da tensão nervosa e emocional e para ultrapassar as consequências de situações de stress.

As possibilidades do treino autogénico são grandes e variadas. Com a ajuda do treino autogénico, é possível alterar a temperatura da pele em vários graus, induzir uma catalepsia muscular acentuada, em que há um estreitamento da consciência e uma sensação de ausência de peso do corpo, o que permite segurá-lo livremente no peso com o apoio de dois pontos - os calcanhares e a parte de trás da cabeça. É possível sugerir a si próprio que "a mão não sente nada" ou "a mão não é minha" e perfurar a prega cutânea sem dor. Cerca de metade das pessoas que fazem treino autogénico conseguem induzir a anestesia em si próprias. Algumas pessoas são capazes de alterar arbitrariamente o ritmo do batimento cardíaco através da auto-hipnose, por exemplo, acelerando-o para 140 batimentos por minuto ou abrandando-o para 45.

No entanto, não estamos interessados em experiências tão extremas no nosso próprio corpo, por isso vamos falar sobre como influenciar os processos mentais com a ajuda do treino autogénico.

Com a ajuda do autotraining, pode melhorar a sua memória ou recordar algo que parece estar firmemente esquecido, como um poema aprendido na infância. O treino automático pode melhorar as reacções, melhorar a capacidade de concentração, eliminar ou reduzir a ansiedade e a tensão emocional excessiva. O treino automático é amplamente utilizado em todas as unidades especiais do mundo, uma vez que ajuda uma pessoa a aprender a dominar o instrumento mais complexo - o seu corpo.

Sala de aula

Como ainda é novo no treino automático, é melhor escolher uma sala onde não haja distracções. Certifique-se de que não há correntes de ar, que o espaço é bem insonorizado e que a temperatura é confortável. Não é necessário escurecer a sala e, se se distrair com a luz da janela, sente-se de costas para ela. Mais uma nuance importante: deve escolher um local confortável para as aulas, que dê uma sensação de segurança psicológica. Quando estiver a praticar, deve ter a certeza de que ninguém o vai incomodar ou aproveitar-se do seu estado de relaxamento em seu detrimento.

Posturas de base para o treino

Antes de fazer exercício, deve desapertar a gravata ou o cinto, desabotoar os botões da blusa ou da camisa, tirar o relógio, os anéis, os óculos. De um modo geral, o vestuário e os acessórios não devem constrangê-lo ou deixá-lo desconfortável.

A postura mais comum e mais acessível para o treino automático é a do **"cocheiro numa carruagem"**. Pode ser feita em quase todo o lado com uma cadeira, um cadeirão ou mesmo uma caixa normal - o que estiver à mão.

Sente-se no assento de modo a que a borda da cadeira chegue à dobra das suas nádegas.

Tente abrir as pernas o suficiente para relaxar os músculos que arqueam as coxas.

Coloque as suas canelas perpendiculares ao chão e, se depois ainda houver tensão nelas, mova os seus pés 3-4 centímetros para a frente até que a tensão desapareça.

Baixe a cabeça de modo a que fique pendurada, curvada para trás.

Balançando para a frente e para trás, certifique-se de que a postura é estável, equilibrando as costas curvadas e a cabeça baixa.

Coloque os antebraços sobre as coxas, de modo a que as mãos não se toquem. Tente não se apoiar nas ancas, de preferência a postura deve ser estável sem isso.

Fecha os olhos.

Respire calmamente, como num sonho, inspirando e expirando pelo nariz.

Pode achar esta postura desconfortável no início, mas após algumas sessões ficará convencido das suas vantagens. Tenha em atenção que a simetria é o fator principal nesta postura e nas seguintes, caso contrário não conseguirá criar um equilíbrio perfeito e ficará cansado rapidamente.

Outra pose é **"semi-reclinada numa cadeira de espaldar alto"** .

Sente-se numa cadeira de modo a que a sua cabeça fique inclinada para trás enquanto relaxa. A posição dos braços e das pernas é a mesma que na "pose do cocheiro".

Pose **"deitado com uma almofada".**

Deite-se de costas numa cama ou num sofá, com uma pequena almofada plana debaixo da cabeça.

Afaste os pés à largura dos ombros e relaxe as pernas; os dedos dos pés afastar-se-ão.

Dobre ligeiramente os braços na altura dos cotovelos, colocando as palmas das mãos para baixo e tentando não tocar no tronco com as mãos.

Esta postura é conveniente para fazer exercício antes de ir para a cama ou logo depois de acordar.

A postura **"deitado sem almofada" ("Savasana").**

Deite-se de costas, de preferência no chão, com algo relativamente macio, como um tapete ou um cobertor, por baixo de si.

Estique as pernas e posicione-as de modo a que a distância entre os pés seja de 15-18 cm.

Coloque os braços num ângulo agudo em relação ao tronco, com as palmas das mãos viradas para cima.

Não se apresse a realizar imediatamente o treino autogénico, pratique primeiro as posturas durante cinco a dez minutos e, só quando sentir que não lhe causam desconforto, passe à auto-hipnose.

"A Máscara da Tranquilidade".

Não se esqueça que as expressões faciais humanas, segundo o princípio do feedback, afectam o seu cérebro e, por isso, é necessário relaxar completamente os músculos do rosto, colocar a chamada máscara da calma.

Para relaxar os músculos mastigatórios, sem baixar a cabeça, diga silenciosamente o som "s" e deixe o maxilar cair para trás. Durante alguns minutos, observe os músculos da mastigação a relaxar, seguidos de uma onda de relaxamento em todo o corpo.

Depois, relaxe a língua, pronunciando silenciosamente a sílaba "te".

Se não tiver tempo ou oportunidade de se dedicar a um relaxamento completo, este pode ser substituído por uma "máscara de calma", que tem um efeito bastante poderoso.

Formação

O erro mais comum dos principiantes é não conseguirem atingir o estado desejado e, por isso, tentarem sugeri-lo a si próprios. Infelizmente, isto é dificilmente possível: se tentar sugeri-lo, as últimas migalhas de relaxamento desaparecem. Não se preocupe, se não conseguir até agora - tente novamente ou simplesmente adie a sessão.

No início da sessão, deve sentir o peso do seu próprio corpo. O criador do treino autogénico, Dr. Schultz, deu as seguintes "dicas" para o ajudar a conseguir o que pretende. Coloque uma mão completamente relaxada sobre um balão ou um papel amachucado e veja se eles se amachucam com o seu peso. Ou coloque a sua mão relaxada numa balança e lembre-se de como a mão se desviou. Se tiver problemas em sentir-se pesado, pode sempre lembrar-se destas pequenas dicas.

Depois de ter adotado a postura escolhida, concentre-se na gravidade real do seu braço direito (ou esquerdo, para os canhotos). Observe a sua quietude e peso até que a sensação de peso, ao relaxar, se estenda a outras partes do seu corpo.

Não tente dissipar a sensação de peso pela força de vontade, lembre-se que deve ser passivo e observar apenas as suas sensações. Qualquer trabalho interior impede a ocorrência de um estado autogénico.

À medida que for ganhando experiência com o treino, verá que, inicialmente, a sensação de peso será substituída por uma sensação de leveza e, depois, deixará de sentir o seu próprio corpo.

A sensação de peso nos braços é sempre mais intensa do que nas pernas ou no tronco.

Depois de sentir o peso, deve sentir calor. É muito simples: a imersão num estado autogénico é acompanhada por uma redistribuição do sangue - o seu conteúdo nos grandes vasos e nos músculos diminui, enquanto nos capilares da pele aumenta. Se começar a relaxar corretamente e sentir peso, o calor virá a seguir.

No estado autogénico, o ritmo cardíaco diminui. Começa-se a sentir uma pulsação calma e moderada no corpo.

Concentre-se na sua própria respiração, sinta a sua calma. Tente fundir-se com ela, continuando a observar passivamente.

Preste atenção ao seu abdómen, que não deve mover-se durante a respiração. Sinta o calor na sua barriga.

Depois, devido à redistribuição do sangue no estado autogénico, pode sentir que o fluxo sanguíneo para a cabeça diminui. Isto é acompanhado por uma sensação de frio na zona da testa. Esta é uma sensação muito boa, porque o exercício de arrefecimento da testa ajuda a aliviar a fadiga, a aumentar a eficiência e até a curar dores de cabeça.

Pode optar por uma forma muito simplificada e recitar mentalmente a seguinte fórmula de auto-treino:

"Estou a descansar. A relaxar. Sinto-me livre e tranquilo. Estou calmo. Estou calmo. Estou calmo. Todo o meu corpo está relaxado. Sinto-me fácil e agradável. Estou relaxado.

Os músculos do braço direito estão relaxados. O ombro, o antebraço, a mão e os dedos estão relaxados. Os músculos do braço esquerdo estão relaxados. O ombro, o antebraço, a mão e os dedos estão relaxados. Ambos os braços estão relaxados. Estão quietos e pesados. Um calor agradável percorre as minhas mãos. Estou calmo.

Os músculos da perna direita estão relaxados. Os músculos da coxa e da perna estão relaxados. Os músculos da perna esquerda estão relaxados. Os músculos da coxa e da canela estão relaxados. Ambas as pernas estão relaxadas. Sinto o peso das minhas pernas. Estou calmo. Estou calmo.

Todo o corpo está relaxado. Os músculos das costas estão relaxados. Os ombros estão relaxados. Os músculos abdominais estão relaxados. A cabeça está livre e descontraída.

Todo o meu corpo está relaxado. Sinto-me leve e à vontade. Sinto-me bem. Estou descontraído.

Estou descansado. Sinto-me revigorado. Sinto-me leve em todo o meu corpo. Sinto-me revigorado em todo o meu corpo. Tenho vontade de me levantar e entrar em ação. Abro os olhos. Estou cheio de energia e de vigor. Levanto-me!

Mas continuamos a recomendar que se prescinda de palavras desnecessárias. Pode ser mais difícil no início, mas trará resultados positivos muito mais rapidamente.

Parece que já aprendeu a relaxar e está na altura de passar à auto-hipnose.

Modificação autogénica

Antes de iniciar o treino, deve saber claramente o que pretende alcançar com ele. Por exemplo, livrar-se de explosões súbitas de raiva. Primeiro, crie uma imagem mental positiva de si próprio, tal como deseja ver-se. Depois, formule, pode ser num papel, algumas fórmulas de auto-hipnose. Estas fórmulas devem preencher os seguintes requisitos:

1. Brevidade. Quanto mais curta for a frase, melhor será percepcionada pelo cérebro. A frase "Calmo", por exemplo, é muito melhor do que "Eu sou calmo e não deixo ninguém me irritar".

2. Positividade. Deve incutir em si soluções positivas e não negativas. Ou seja, a fórmula "não vou ceder mais à raiva" dificilmente funcionará, é muito melhor substituí-la pela fórmula "estou calmo em qualquer situação".

3. individualidade. Lembre-se que não existem fórmulas prontas e frases prontas. Cada fórmula e cada frase são concebidas para uma pessoa específica. Algo que pode ter um efeito absoluto em si, como a fórmula "Basta!", pode parecer um disparate para outra pessoa. Por isso, ao criar fórmulas, escolha aquelas que serão eficazes para si.

Muitas pessoas não gostam de utilizar fórmulas, acreditando que podem criar uma imagem na sua imaginação, que as afecta melhor do que quaisquer palavras. Este método pode funcionar para si. Utilize-o se obtiver bons resultados.

Depois de ter recitado as suas fórmulas, é altura de sair do estado autogénico.

Saída

Pare de recitar fórmulas e concentre-se no facto de ter dado ao seu cérebro, ao seu corpo, as atitudes certas, que certamente darão frutos, e de estar bem descansado. Fecha lentamente os punhos, sente a força que eles têm, sente como essa força passa para as tuas mãos e para todo o corpo. Sem cerrar os punhos, estenda as mãos até aos joelhos e, com uma respiração profunda, levante os braços, arqueie as costas, vire o rosto para cima.

Faça uma pausa de cerca de 1-2 segundos, depois expire bruscamente pela boca, desaperte os punhos e abra os olhos. A aula terminou.

Emoções negativas e riso

Infelizmente, é muito mais difícil ultrapassar as nossas emoções negativas do que a nossa raiva. A raiva, sabemos, vem do "interior", enquanto as emoções negativas parecem vir do "exterior"; a vida dá-nos razões para elas. Mas, de facto, isto não é inteiramente verdade.

Os fisiologistas dizem que as pessoas não devem deixar que os seus cérebros se "habituem" à negatividade e ao desagrado: devemos considerar os problemas ou o processo de lidar com eles como uma norma da vida.

É necessário, sempre que possível, criar pelo menos um pouco de alegria, que rapidamente contrabalançará as emoções desagradáveis que experimentou.

Toda a gente sabe que há pessoas longevas no mundo, mas não foi encontrada uma dieta mágica que ajude a viver até aos cem anos nem um ponto geográfico único que promova a longevidade. No entanto, os dados da investigação mostram que o tipo psicológico de uma pessoa longeva se caracteriza por traços como a benevolência, a simpatia, a ausência de sentimentos de rivalidade irreconciliável e de inveja.

Existem muitas formas de regular os estados emocionais, mas uma das mais acessíveis é a terapia do riso.

Este tipo de tratamento só foi formalizado há algumas décadas, mas os efeitos curativos do riso são conhecidos desde a antiguidade.

Até Hipócrates considerava o riso como um agente terapêutico e o Dr. Galli Mathieu, que viveu em Paris no século XVII, acreditava que, para além da medicação, todos os doentes precisavam de rir e escrevia algumas das suas piadas no verso da receita. Em pouco tempo, tornou-se tão popular que deixou de aceitar doentes e apenas lhes enviava folhas impressas, no título das quais estava o seu nome e, por baixo, diferentes anedotas que, segundo Mathieu, tinham propriedades curativas. Acredita-se, aliás, que a palavra "halimatya" teve origem nesta "publicação impressa".

No nosso tempo, o primeiro a utilizar o riso para fins médicos foi o jornalista americano Norman Cousins. O facto ocorreu na década de 70 do século passado. O jornalista, que assistia regularmente a filmes de comédia, conseguiu livrar-se de uma doença óssea grave e decidiu popularizar o seu método. Atualmente, distinguem-se três direcções principais na terapia do riso:

- "terapia clássica do riso". Os terapeutas do riso contam anedotas e histórias engraçadas em reuniões individuais e de grupo, os seus pacientes vêem filmes humorísticos e lêem livros engraçados. Estudos científicos confirmaram que a audição diária de gargalhadas comuns gravadas num disco ou numa cassete pode ajudar uma pessoa a sair da depressão sem recorrer a medicamentos. Atualmente, existem vários milhares de terapeutas do riso no mundo;

- O "palhaço médico" surgiu nos anos 80 nos EUA e o seu fundador foi o artista profissional de circo Michael Christensen. Organizou um serviço de "ambulância de palhaços" em Boston, que trabalhava em instituições médicas. Atualmente, este serviço tem filiais em todo o mundo e em Israel existem mesmo faculdades onde se ensina a especialidade de "palhaço médico";

- O "yoga do riso" foi desenvolvido pelo Dr. Madan Kataria, de Bombaim. Nas suas aulas, as pessoas aprendem a rir facilmente, naturalmente e com a maior frequência possível. Os pacientes do médico indiano aprendem a fazer a respiração abdominal, o riso reflexivo (exalação profunda com um só impulso) e assim por diante.

Rir liberta uma enorme quantidade de endorfinas e neuropeptídeos no nosso corpo, o que leva a uma redução dos níveis de stress, dores de cabeça e dores musculares. A circulação de oxigénio no sangue é activada, os níveis de anticorpos aumentam e a imunidade é reforçada. O riso pode aliviar a insónia, aliviar a tensão física, psicológica ou mental. O riso também alivia os ataques de asma e pode até baixar a tensão arterial.

Nas pessoas que vêem um filme "sério", o fluxo sanguíneo diminui 35%, enquanto que quando vêem uma comédia aumenta 22%. O neurologista William Fry, da Universidade de Stanford, afirma que, ao rir, uma pessoa trabalha cerca de 80 grupos musculares e, de acordo com os resultados da investigação do riso alemão Gunter Sickle, um minuto de riso equivale a 25 minutos de atividade física. A propósito, já estão a abrir na Europa "centros de riso", uma espécie de ginásios onde as pessoas riem em vez de fazerem exercício em máquinas.

Os resultados de exames de ressonância magnética realizados por Allan Reis, da Universidade de Stanford, mostraram que o riso ativa os mesmos centros cerebrais afectados pela cocaína, em particular.

A Dra. Margaret Stuber, da Universidade de Los Angeles, sugeriu a um grupo de crianças que mantivessem as mãos em água fria (cerca de 10 graus Celsius) durante o máximo de tempo possível. Em condições normais, as crianças mantiveram as mãos durante uma média de 87 segundos, mas mantiveram-nas durante 125 segundos enquanto viam uma comédia. Neste caso, o ritmo cardíaco, a pressão arterial e a frequência respiratória das crianças praticamente não se alteraram, mas o nível da "hormona do stress" (cortisol) na saliva aumentou significativamente. Isto significa que o riso estimula o sistema imunitário e ajuda o corpo a lidar mais facilmente com o stress físico.

Curiosamente, a capacidade de se alegrar não é dada a uma pessoa desde o nascimento; é uma das primeiras competências que começamos a dominar. Nos primeiros dois meses de vida, uma pessoa aprende a sorrir e, no final do terceiro mês, começa a rir. Uma criança de seis anos ri-se 300-400 vezes por dia, mas, infelizmente, este número diminui a cada ano que passa. Um adulto, por exemplo, sorri apenas quinze vezes por dia.

Ao crescer, não é apenas cada pessoa que se ri cada vez menos. Infelizmente, o mesmo está a acontecer à humanidade como um todo. Não foram efectuados muitos estudos sobre este tema, mas todos eles são decepcionantes: por exemplo, em 1930, o francês médio ria 19 minutos por dia e cinquenta anos mais tarde, em 1980, ria apenas 6 minutos.

Atualmente, em pleno século XXI, os resultados parecem ser ainda piores. Uma vez que a terapia do riso é uma das poucas terapias que pode ser praticada sem consultar um médico, está na altura de tomar a sua saúde nas suas próprias mãos.

Como vencer a dor

Embora a dor não seja uma emoção, as sensações dolorosas provocam uma forte reação emocional. A dor foi concebida para avisar uma pessoa do perigo, por exemplo, quando agarra o cabo de uma frigideira quente ou pisa um espinho. Sabe-se que há pessoas que não sentem dor; as suas terminações nervosas não comunicam o perigo ao cérebro. Apesar de saberem que "a pega está quente", estas pessoas sofrem constantemente queimaduras graves, cortes, etc. Assim, o nosso corpo foi sabiamente concebido, mas há alguns inconvenientes: uma vez notificado do perigo, a dor poderia ter parado, mas infelizmente....

Uma pessoa tenta livrar-se da dor: bebe analgésicos ou álcool, fuma, pensa em muitas maneiras de esquecer as sensações incómodas, pelo menos por um minuto. Mas isso é errado. Pode distrair-se durante um minuto, mas depois a dor voltará, obrigando-o a fazer tentativas dolorosas para a esquecer uma e outra vez.

Não deve tentar distrair-se da dor, mas sim refletir sobre ela. O seu corpo exigiu atenção, deu-lhe um sinal. Mostre-lhe que ouviu os sinais de SOS, compreendeu-os e tomou todas as medidas necessárias.

Tente sentir a dor plenamente, entrar nela, ir ao fundo dela, tocar na sua raiz. Quando o fizer, a dor em si não desaparecerá, mas as emoções que lhe estão associadas desaparecerão e conseguirá deixar de lhe prestar atenção, esquecê-la como uma mosca a zumbir na janela.

Como vencer o medo

A capacidade de controlar o medo é provavelmente a capacidade mais importante que uma pessoa pode desenvolver. Não se trata apenas de ter medo, o que é útil em muitas circunstâncias, mas também de ser capaz de controlar o seu corpo. Muitas vezes, o cérebro, não querendo ir muito fundo nas emoções, elimina-nos com a ajuda de vários medos. Como sabemos, o nosso cérebro é um grande ressegurador, e esses medos não são bons para nós.

Tom Muzila, um antigo soldado das Forças Especiais dos EUA e um dos lendários "atletas radicais" do mundo, contou como decidiu aprender a andar sobre brasas incandescentes: "Desde criança que ouvia dizer que o fogo queima a pele. De facto, são conhecidos muitos casos em que uma pessoa, ao tentar caminhar sobre uma fogueira, fica com queimaduras terríveis. Mas isso acontece apenas porque a pessoa não está psicologicamente preparada para essa provação. Se a mente e os sentimentos se opõem, é melhor não o fazer. Quando comecei, endureci a pele das minhas solas o mais que pude e incuti em mim a firme convicção de que não haveria queimaduras, que eu podia andar sobre o fogo".

E Muzila conseguiu de facto caminhar sobre as brasas, cuja temperatura era de várias centenas de graus, e não sofreu queimaduras. Surpreendentemente, ainda ninguém conseguiu explicar o fenómeno de andar sobre o fogo. É apenas claro que, com a ajuda da mente, uma pessoa pode, embora por um curto período de tempo, alterar as características físicas de certas partes do seu corpo. A autoimunidade ajuda a resistir não só ao fogo, mas também a outras influências traumáticas: mecânicas, químicas, etc. Ainda não conseguimos explicar este mistério do cérebro.

Tom Musila acredita que os nossos medos são falsas certezas, ilusões que se tornam realidades psicológicas. Quando confrontada com um fenómeno, a pessoa considera a sua primeira impressão, que muitas vezes pode estar errada, como a verdade, e começa a acreditar nessa verdade, sem sequer tentar ultrapassar esse "facto incondicional". O conselho de Muzila é ver a realidade como uma ilusão e acreditar incondicionalmente no seu sucesso. É claro que uma tal perceção requer um longo treino e um trabalho sobre as emoções.

Percebi que o que importa não é o que está a acontecer ou pode acontecer, mas a minha atitude em relação a este ou aquele acontecimento", diz Tom Muzila. - O perigo pode ser muito real, a situação pode parecer desesperada e todos à minha volta estarão assustados, mas eu não. Quer esteja numa emboscada, pendurado à beira de um precipício ou a ser atacado por bandidos, não tenho medo nem qualquer outra emoção. Só penso na melhor forma de atuar.

Não se deve folhear esta página só porque ainda não se vai andar sobre brasas. O facto é que somos constantemente confrontados com vários medos, que prejudicam as nossas carreiras, interferem nas relações pessoais e simplesmente envenenam as nossas vidas. O objeto ou a situação de que tem medo não desaparecerá magicamente do seu medo, e não será capaz de pensar corretamente e tomar as decisões certas sob a influência do medo.

Tal como no caso da dor, para deixar de ter medo, não é necessário afastar os pensamentos assustadores. É preciso descobrir porque é que tem medo, o que é que lhe causa medo e o que é que o assusta mais na situação. Tente decompor o seu medo nas suas componentes e compreender a sua causa. Quando a causa é descoberta, pode ficar surpreendido com o facto de ser ridícula e insignificante.

Muitos psicólogos aconselham-no a imaginar em pormenor a situação que o assusta e a tentar, mesmo que não queira, revivê-la mentalmente. Depois, repetidamente. Esta técnica dá bons resultados. Em primeiro lugar, não só se livrará do medo nessa ocasião específica, como também não escurecerá constantemente o seu humor. Em segundo lugar, se uma situação destas surgir na sua vida, estará preparado para ela e suportá-la-á com o mínimo de perdas.

Erich Fromm, no seu livro "Anatomia da Destrutividade Humana", afirmou: "O medo, tal como a dor, é um sentimento muito desagradável e o homem tenta livrar-se dele a todo o custo. Por exemplo, a medicação, o sexo, o sono ou o convívio com outras pessoas. Mas uma das técnicas mais eficazes para afastar os medos é a agressão. Se uma pessoa encontra a força de um estado passivo de medo para passar à ofensiva, a sensação dolorosa de medo desaparece imediatamente".

Este conselho é muito bom: não tenhas medo do que ainda não aconteceu, tenta "lidar" com isso!

Mas há alguns medos que são difíceis de explicar, mesmo para nós próprios. A sua origem é a indução social. O medo é uma emoção social e pode espalhar-se como uma epidemia, infectando por vezes dezenas e centenas de milhares de pessoas. Por isso, tente sempre perceber até que ponto o seu medo é o seu próprio sentimento e até que ponto "respirou com o ar". Se, por exemplo, um meteorito vai cair na Terra ou não - ainda não se sabe, mas a sua vida, que passa aqui e agora, pode ser estragada por esse medo. Muitos destes medos são criados pelos meios de comunicação social: por exemplo, depois de Chernobyl, houve o medo da radiação e, depois dos ataques terroristas, o medo de ser vítima deles. É claro que não devemos tratar estas coisas de forma descuidada, não prestando atenção ao homem barbudo que está sentado ao nosso lado no metro com coisas estranhas no cinto, mas é melhor morrer instantaneamente e feliz do que sofrer de medo durante vários anos a tentar olhar para debaixo do casaco de qualquer vizinho no autocarro.

Por vezes, os medos de massa estão limitados ao quadro de uma coletividade ou de outra microssociedade. Estes medos incluem, por exemplo, o medo dos superiores. Uma pessoa sozinha, que não consegue fazer o seu trabalho ou que se sente inadequada para o cargo que ocupa, pode facilmente contagiar toda a equipa com esse medo. Se isto acontecer, comece por analisar cuidadosamente o seu trabalho e decida objetivamente se tem razões para temer o seu chefe. Mesmo que essa razão exista, a pior coisa que se pode enfrentar numa situação destas é o despedimento. É desagradável, claro, mas não é o fim da vida nem a separação de um ente querido. E, afinal, qualquer pessoa é um pouco animal e sente sempre, talvez até inconscientemente, que tem medo. E o chefe tem logo uma pergunta: "Porque é que este subordinado tem medo de mim? Estará a fazer algo de errado? Estará a falhar?" Começam a olhar para si com mais atenção e, numa situação destas, os erros são normalmente detectados mesmo onde não o são.

Se de repente se sentir assustado, a primeira coisa que deve fazer é tentar acalmar-se. Estabeleça como regra não pensar no problema ou tentar resolvê-lo enquanto estiver assustado.

Em primeiro lugar, restabeleça a sua respiração. Lembre-se de que, assim que uma pessoa entra numa situação de stress, a sua respiração torna-se apertada e superficial. Há uma falta de oxigénio, o que leva a uma tensão corporal e mental ainda maior.

Endireite o tronco, coloque uma mão no abdómen, logo abaixo do umbigo (se não conseguir fazer isto porque, por exemplo, tem vergonha dos seus colegas, coloque as mãos nos joelhos ou numa mesa). Inspire lentamente e profundamente pelo nariz, encha o peito de ar, sinta a mão (se a tiver colocado na barriga) levantar-se. Depois, expire lentamente todo o ar. Sinta o seu braço descer. Repita este exercício cinco ou seis vezes.

Em seguida, tente relaxar fisicamente: está provado há muito tempo que a tensão mental provoca tensão física. E, de acordo com o método de feedback, ao relaxar fisicamente, também se acalma psicologicamente. Pode relaxar de acordo com o método do médico sueco Jacobsen, que recomenda que, primeiro, tensione muito fortemente todos os músculos do seu corpo e, depois, permanecendo nesta posição durante cerca de dez segundos, sinta e perceba esta tensão, sem se esquecer de respirar profundamente pelo nariz. Em seguida, deve relaxar bruscamente e tentar sentir uma sensação agradável que acompanha esta ação, um peso caraterístico nos músculos. Este exercício deve ser repetido várias vezes.

Para completar o processo de eliminação do medo, é necessário fechar os olhos durante alguns minutos e imaginar-se num local onde se sinta calmo e relaxado: na praia, na sua casa de verão preferida ou em casa.

CAPÍTULO VIII. O TEU ÓRGÃO MAIS SEXY? O CÉREBRO!

O sexo conjugal é bom para a mente

Uma vida sexual regular é a chave para a saúde. É assim que podemos resumir a descoberta feita por cientistas da Universidade de Hamburgo que, após uma série de estudos, provaram que fazer sexo estimula o trabalho das células cerebrais. A razão para isso é o cortisol e a adrenalina produzidos durante o sexo, que aumentam a intensidade da atividade mental (o resultado, note-se, dura um dia e meio ou dois dias após o orgasmo) e dão uma sensação de auto-confiança.

O principal é que o parceiro deve ser comprovado, constante, e o sexo deve ser regular (e ainda melhor - conjugal). O contacto sexual com um estranho ou desconhecido encantador, embora afecte o aumento da produção de endorfina (hormona do prazer), ultrapassa um pouco o nível de adrenalina, pelo que o resultado global é bastante negativo.

Estudos realizados por especialistas no domínio do funcionamento do cérebro, como o alemão Werner Gamebmel e o americano Tony Bartlett, também confirmam que o sexo é útil para a atividade cerebral. Por exemplo, T. Bartlett chamou a atenção da comunidade científica para o facto de que, durante o sexo, o corpo humano começa a produzir a hormona prolactina (prostaglandina), que é responsável pelo desenvolvimento das células gliais e das fibras nervosas da substância cerebral (além disso, esta hormona melhora perfeitamente o humor e resiste à depressão). Para prevenir as doenças de Alzheimer e de Parkinson e outras doenças cerebrais, o professor aconselha vivamente a não negligenciar a atividade sexual, "praticando" sexo pelo menos duas vezes por semana como procedimento higiénico e preventivo.

Afinal, para além do seu efeito benéfico na atividade cerebral, o sexo regular ajuda a melhorar a imunidade (aumentando o nível de imunoglobulina no sangue), melhora o humor e até alivia dores crónicas (por exemplo, pré-menstruais, graças à produção da hormona oxitocina).

Ao recordar os benefícios da libertação sexual, é importante lembrar-se de usar proteção para se proteger de doenças que o sexo não cura.

Viciados em amor

O amor é um sentimento belo e espiritualizante. Todos os escritores e poetas, realizadores de cinema e clipmakers, estrelas de Hollywood e celebridades russas nos dizem isso. E nós acreditamos. Mas os cientistas duvidam; bem, eles são cientistas para questionar tudo no mundo.

Do seu ponto de vista, o "sentimento divino e estimulante" pode ser considerado como uma interação entre a experiência psicológica anterior de uma pessoa, factores genéticos e processos hormonais que se fundiram numa determinada matriz que aponta para certas características da aparência, cheiro e comportamento de um potencial parceiro que são extremamente "atraentes" para si. E a consciência não está praticamente envolvida aqui, o reconhecimento destes "pontos de referência" ocorre a nível subconsciente.

No entanto, até à data, até mesmo os grandes nomes da ciência admitem que não são capazes de criar um modelo de amor que funcione a cem por cento, mas até certo ponto conseguiram compreender a bioquímica dos processos cerebrais que acompanham o sentimento de amor.

Acontece que a reação romântica à presença de outra pessoa pode ser "activada" por certas substâncias bioquímicas. Por exemplo, substâncias como:

feromonas

Provavelmente já ouviu falar deles, pelo menos de ouvido. O odor natural de um ser humano é extremamente atrativo para o sexo oposto. É o que tentamos exterminar ou bloquear com perfume - o cheiro do suor ou das secreções genitais - que determina a nossa atratividade aos olhos de potenciais parceiros sexuais. Isto não significa, obviamente, que se possa passar semanas sem se lavar e rodear-se de uma aura de mau cheiro. Não, o odor corporal sujo é repulsivo, mas se o corpo cheirar apenas a cremes, desodorizante ou perfume, a sua atratividade sexual é drasticamente reduzida. Acredite em mim, um corpo limpo e saudável, mesmo que esteja quente do trabalho ou da corrida, cheira bem.

Investigações recentes sobre a forma como as feromonas tornam as outras pessoas simpáticas ou influenciam o seu comportamento mostraram que o suor masculino contém a substância química androstenol, que tem um odor almiscarado pungente que excita e atrai as mulheres. Mas esta propriedade mágica da sexualidade dura apenas enquanto o androstenol não for oxidado pelo oxigénio e pela gordura superficial, transformando-se em androstenona, cujo odor é percebido de forma bastante negativa pela maioria das mulheres (exceto as que estão em período de ovulação, para as quais continua a ser extremamente sexy).

Os homens, por sua vez, ficam muito excitados com substâncias chamadas copulinas, que fazem parte da secreção vaginal feminina. Foram realizados ensaios clínicos em que os homens que inalaram o cheiro desta substância em certas mulheres acharam-nas muito mais sensuais e excitantes do que os outros participantes na experiência. E o cheiro da secreção de uma mulher no momento em que ela ovula até aumenta o nível de testosterona, a hormona da masculinidade, no sangue de um homem.

endorfinas

Durante o período de enamoramento e no início das relações sexuais, estar sozinho com a pessoa amada estimula especialmente a produção de endorfinas - derivados da secreção cerebral, que actuam como os tranquilizantes mais fisiológicos e naturais, causando sensações de segurança, calma e paz, e analgésicos.

Oxitocina

Durante um abraço, no momento da agradável intimidade física e, sobretudo, da satisfação sexual, o cérebro produz oxitocina, que actua como uma poderosa substância analgésica e eufórica.

É de notar que a sensação de se apaixonar, o namoro, os primeiros encontros e os primeiros contactos sexuais são acompanhados pela produção de um conjunto de substâncias que estimulam as células cerebrais e provocam um estado de felicidade, excitação, fuga, ou seja, actuam como uma droga natural. São elas a dopamina, a norepinefrina e a feniletilamina. Todas estas substâncias, que são produzidas pela fábrica química do nosso próprio corpo, pertencem à categoria das chamadas anfetaminas - drogas que, se introduzidas artificialmente no corpo, actuam como excitantes, provocando um estado agradável, simultaneamente intoxicante e extático, a euforia.

O período do namoro e dos primeiros encontros é visto pela maioria das pessoas como o momento mais feliz de uma relação. É um tempo que se quer reviver, minuto a minuto, ao qual se quer voltar vezes sem conta... Mas a fábrica de prazer do nosso corpo não é capaz de funcionar em pleno, o enamoramento não pode durar para sempre, inclusive por razões bioquímicas - com o tempo, a intensidade das experiências com o mesmo parceiro diminui. O corpo habitua-se à ingestão de uma determinada dose de certas substâncias e os seus efeitos vão-se atenuando, tornando-se menos pronunciados.

Algumas pessoas encaram estas circunstâncias como um dado adquirido - "somos amigos maravilhosos", "as paixões arrefeceram, mas a relação tornou-se mais estável". Mas algumas pessoas ficam viciadas no estado de enamoramento como se fosse uma droga. De facto, é isso que acontece - os viciados em amor ficam fortemente dependentes da intoxicação do amor e da euforia amorosa, que querem experimentar vezes sem conta. Assim que uma nova relação começa a perder o encanto da novidade e a nitidez da experiência, o "viciado em amor" deixa o seu namoro e apressa-se a conhecer um novo parceiro.

No entanto, essas pessoas encontram desculpas bastante lógicas para o seu comportamento ("ainda não conheci o tal", "todos os homens são uns sacanas", etc.), não suspeitando que se trata de dependência química de certos estimulantes cerebrais.

A luta da consciência contra a subconsciência 2: 0

O termo "subconsciente" entrou na nossa linguagem graças a Sigmund Freud, o teórico e praticante da psicanálise. De facto, o grande papel da sexualidade, que determina o comportamento humano, foi simultaneamente assinalado por outro grande cientista, Otto Weininger, nas suas publicações. Hoje, o seu nome diz pouco ao homem comum, embora fosse, sem dúvida, muito mais talentoso. Não admira que o seu destino - impiedoso para os verdadeiros génios - tenha sido muito trágico e o seu nome esquecido. Quando tinha apenas vinte e um anos, Otto publicou uma obra sensacional, Género e Carácter. O público de 1900 ficou profundamente chocado com os factos e as observações nela expostos, porque o jovem génio antecipou e formulou todas as teorias subsequentes do Dr. Freud. Por exemplo, a teoria da bissexualidade. O livro tornou-se um bestseller e foi reimpresso cerca de 20 vezes em dois anos! Um ano mais tarde, Weininger foi nomeado professor na Universidade de Viena, e organizações dos seus devotos seguidores e furiosos admiradores começaram a surgir na Europa como cogumelos depois da chuva. Um ano mais tarde, pouco depois do seu vigésimo terceiro aniversário, Otto alugou um quarto na casa onde um outro génio, Beethoven, tinha morrido, e suicidou-se durante a noite, com uma bala no coração. Este pioneiro da psicanálise acreditava que a sexualidade afectava as relações entre as pessoas, incluindo a amizade. Ou seja, se houver atração sexual entre vós, serão os melhores amigos (ou amigos), mas se não houver atração sexual, permanecerão neutros ou começarão a ter rixas.

"A amizade entre homens fora do elemento sexual, mesmo que inconsciente, é impossível", afirma Weininger. - Isto já é provado pela impossibilidade de amizade entre homens que não se gostam na aparência.

Acha que a excitação sexual ofende o sentido da amizade? Que ninguém jamais admitiria que existe um aspeto sexual na sua amizade? É nas respostas afirmativas a estas perguntas que se esconde o trabalho da sua consciência, que negará até o óbvio, só para discordar do subconsciente.

Weininger acreditava que numa personalidade tanto as qualidades masculinas como as femininas podem ser combinadas muito naturalmente, porque "o homem e a mulher são como que duas substâncias distribuídas nas mais diversas proporções em indivíduos vivos, e o coeficiente de nenhuma destas substâncias pode ser zero. Pode mesmo dizer-se que, no domínio da experiência, não há masculino nem feminino. Existe apenas o masculino e o feminino".

Freud apenas continuou a destruição dos fundamentos morais da era vitoriana ao tornar-se o arauto e o teórico da revolução sexual. Anteriormente, tinha-se atribuído à sexualidade apenas o papel de um instinto de procriação, mas Freud provou e teorizou que o papel da esfera sexual na vida humana é muito mais diversificado. Afinal, a sexualidade determina, de facto, o funcionamento da maior parte dos processos mentais da mente humana.

As ideias revolucionárias de "os de baixo querem, os de cima não podem" conduziram à revolução sexual. E a era da sexualidade nasceu.....

Um dos principais princípios da teoria de Freud era que o comportamento humano é determinado pela mente subconsciente (ou seja, pela sexualidade oculta). A cultura e as normas sociais reprimem os impulsos naturais de uma pessoa, resultando num conflito entre a consciência e o subconsciente. Esta teoria tinha um grande valor psicoterapêutico - afinal de contas, uma pessoa da era vitoriana, criada no quadro de uma proibição total da sexualidade, queria muito livrar-se do manto de mistério das relações sexuais. Mesmo uma simples conversa franca com o terapeuta sobre experiências sexuais provocava uma tempestade de emoções curativas no paciente. O que é uma sessão de psicanálise? O cliente deita-se no divã, olha para o teto e, durante quarenta e cinco minutos, três vezes por semana, conta ao médico todos os segredos da sua experiência sexual, começando pelos mais antigos.

O mais importante é que seja escutado (por um preço muito decente, note-se), e a franqueza ajuda a livrar-se dos traumas mentais e a curar as feridas do ego.

Tendo vivido a era da revolução sexual, a psicoterapia começou a ceder lentamente a sua posição - os antigos revolucionários começaram a parecer um pouco... antiquados para o novo público. Afinal, a geração mais nova podia falar dos seus segredos sexuais não só com os amigos, mas até com os pais ou, por exemplo, com o avô - e, claro, de graça. E como é que se pode provar que foi o psicanalista que nos ouviu melhor do que qualquer outra pessoa? Atualmente, pouco mais de um por cento dos psicanalistas nos Estados Unidos trabalham com doenças do tipo neurose. O que, evidentemente, não anula os méritos históricos deste método, que na última década do século passado encontrou os seus adeptos na Rússia, onde o inconsciente continua a ser bastante relevante. Afinal de contas, o estado permanente de guerra prolongada entre o inconsciente e a consciência dá origem a várias neuroses e complexos na personalidade. Se ainda é possível viver com complexos, então a neurose já é um diagnóstico, ou seja, uma doença. Se tem neurose - ainda não é louco, apenas sofre de depressão ou de estados obsessivos compulsivos, medos e outros estados mentais desagradáveis. É um em cada três (os restantes lidam de alguma forma com a tensão interior).

Mas porque é que a mente subconsciente e a mente consciente não podem viver amigavelmente?

Os três desejos do subconsciente

Todos os nossos problemas têm origem nos nossos desejos. Quando eles estão ausentes - é a depressão, e quando são muitos, mas não há possibilidade de os realizar - é a neurose. E não foi Freud que descobriu isto. Siddhartha Gautama Buddha falou à humanidade sobre a nocividade dos desejos. Lembram-se da sua história?

Siddhartha Gautama Buda era um príncipe, viveu feliz durante trinta anos sem sair do palácio. Depois, decidiu conhecer o mundo. Primeiro, encontrou um velho mendigo miserável a pedir esmola, depois um aleijado desfigurado que sofria de doenças e, por fim, um cortejo fúnebre. E o gentil príncipe declarou: "O mundo está a sofrer". E a causa do sofrimento são os desejos. Se um homem não tivesse desejos, não estaria perturbado, dormindo sob o céu estrelado, e não sonharia com a sua casa, mulher, filhos, comida deliciosa, roupas novas e assim por diante. Além disso, nada é permanente neste mundo, tudo passa com o tempo, e é por isso que, mais cedo ou mais tarde, uma pessoa pode perder o seu dinheiro, a sua saúde e os seus entes queridos. E a própria vida está destinada a acabar um dia.

Com tudo isto na cabeça, Siddhartha começou a livrar-se dos seus desejos, tentando tornar-se um asceta. Sentou-se na posição de lótus durante três anos sem se mexer, comendo tudo o que lhe chegava aos lábios. Já a dois passos da morte, Siddhartha apercebeu-se de que estava um pouco enganado: tinha de compreender que os desejos são ilusórios em si mesmos e que, para os abandonar, bastava compreender a verdade e que não valia a pena matar a carne. O príncipe teve uma epifania e tornou-se um Buda.

Abandonar os desejos é o conselho que Buda deu à humanidade. Uma óptima receita para a saúde mental, sem dúvida. Mas outro problema por resolver é que a maioria dos nossos desejos não são registados pela consciência, pelo que uma pessoa pode simplesmente não ter consciência deles.

Mas como é que pode ser assim, dirão vocês. Eu sei perfeitamente que quero ser chefe, ganhar duas mil libras e seduzir o meu colega (também quero um carro novo, um portátil e um iPhone, e...). "E eu quero o mesmo, mas também quero um apartamento no centro...", "E eu quero (uma lista de 1000 itens)"....

De facto, os nossos desejos mais profundos são apenas três - **viver, liderar, reproduzir**. São estas três necessidades, os três instintos básicos, que determinam todo o nosso comportamento.

Vamos decifrar mais pormenorizadamente estes três desejos do nosso subconsciente.

A necessidade de sobreviver. Por detrás disso está o medo: medo da fome, do perigo e do desconhecido, que nos faz agir - procurar comida (para ganhar dinheiro), fugir de um predador (no apartamento mais confortável), ser cautelosos com o desconhecido (por exemplo, um novo patrão ou uma nova companheira do marido).

O desejo de se tornar um líder é ditado por grandes oportunidades: em primeiro lugar, para sobreviver (o líder recebe mais e é o primeiro a "gozar os despojos") e, em segundo lugar, para gerir pessoalmente a estabilidade da "matilha".

O instinto de continuação da espécie ou necessidade sexual. O instinto sexual do mundo animal é capaz de sacrificar a própria vida (esturjões que vão desovar como uma morte certa, lutas de morte de machos) para continuar a sua espécie.

Mas o homem civilizado perverteu-se a tal ponto que subordinou até os impulsos mais naturais às suas necessidades imediatas.

Esqueceu-se completamente de que os instintos naturais não estão sujeitos à nossa razão e são incapazes de compromisso.

Os homens não são animais, mas não podem renunciar à sua natureza animal. No âmago do nosso ser estão os mesmos instintos. O medo da morte, o desejo de poder e o desejo sexual são os três pilares em que assenta o instinto de auto-preservação do indivíduo, da espécie, da espécie. Este é um postulado simples... que é suficiente para nos transformar em neuróticos.

A consciência, carregada de moral, de atitudes, de princípios, protesta contra o medo (é vergonhoso, humilhante senti-lo), o poder (é imoral), o sexo (é sujo). O subconsciente procura fazer o máximo possível para sobreviver, enquanto a consciência ameaça com remorsos e castigos, karma e pecado. Não admitimos a cobardia, mesmo que a situação seja óbvia. Cada um pensa que é o único sujeito ao medo, mas o medo atinge todos sem exceção. Achamos que é vergonhoso querer ser o chefe de uma empresa, mas reivindicamos direitos muito maiores sobre as almas dos nossos entes queridos - "para o teu próprio bem". E o sexo? Aí é que está a sujidade! No entanto, só ajudamos aqueles que achamos verdadeiramente atraentes. Tornamo-nos altruístas, mas apenas para obter a aprovação "daquele colega giro" ou "daquele vizinho sexy do andar de cima". Pensem nisto - há aqui um claro tom erótico!

Entregar-se a um desconhecido encantador, cujo toque lhe provoca arrepios e tonturas, ou manter a virgindade até ao casamento? Eis um conflito evidente entre subconsciente e consciência, que conduz diretamente à neurose. Esta escolha não parece vir à superfície, porque os nossos verdadeiros desejos (entregarmo-nos a um homem que nem sequer gagueja sobre o casamento) são mantidos no fundo da consciência psíquica e da razão, porque parecem "indecentes". Por vezes, porém, este "conflito interior" vem à superfície.

Por exemplo, um homem não sente atração sexual pela sua mulher, mas não se quer separar dela por razões objectivas - hábito, casa comum, filhos. E proíbe-se a si próprio de ter relações sexuais paralelas por causa de princípios morais (como disse alguém importante, "não podes significar que não podes" ou "a pressão moral da sociedade é a base dos teus valores morais"). Tudo é claro para a mente consciente, mas a mente inconsciente protesta: dores na próstata, depressão, hemorróidas, excesso de peso.

O que pensa desta definição: a neurose é um conflito entre o consciente e o subconsciente que é resolvido através da criação de um novo problema?

Por exemplo, um certo homem acredita que tem cancro no estômago. Os médicos não encontram nada, mas ele continua a preocupar-se. Não lhe interessa que a mulher tenha pedido o divórcio, que esteja a ter problemas com o patrão, tem uma razão mais importante para se preocupar - uma doença imaginária na qual se "esconde" do mundo cruel. Esta razão inventada, que despertou o medo da morte, ofusca de imediato todos os problemas "insignificantes" da vida. Agora não pode pensar em como se reconciliar com a sua mulher, e imaginar como ela irá chorar no funeral do seu amado marido, juntamente com o patrão arrependido. "Não sou um falhado, estou doente". O homem pensou numa "saída", e imediatamente sentiu-se melhor. Durante algum tempo. Afinal, os problemas deslocados por esse sintoma neurótico, de facto, não desapareceram em lado nenhum e continuam a acumular-se, aproximando-se de uma massa crítica. A neurose pode ter muitas variantes, mas o seu principal sinal é o domínio do medo ou do comportamento compulsivo sobre a vida real.

Dores de cabeça, perturbações do sono, osteocondrose, palpitações, fraqueza - estas são queixas típicas daqueles que sofreram no campo de batalha da consciência e do subconsciente. E para além disso - depressão, medo, ataques de agressividade e muito mais. E a culpa não é do eclipse solar, mas do conflito entre duas hipóstases da psique. E aqui "sem 100 gramas", ou seja, sem um psicoterapeuta, não se pode passar sem ele.

Porque é que os esquizóides são tão sensuais?

Não sabemos o que se passa com os neuróticos, mas os esquizóides são extremamente atraentes sexualmente para o sexo oposto - e isso está cientificamente provado. Picasso, Lord Byron, Klaus Kinski, Michael Douglas e centenas de outros homens criativos e bem sucedidos - o que é que eles têm em comum? Todos eles tiveram vidas sexuais muito tumultuosas. Bem, e depois, dirás tu, não interessa o que aconteceu. No entanto, os psicólogos dizem que a energia criativa dos actores, artistas, poetas e outros "Mestres da Arte" actua como um íman sexual, o que explica em grande parte o seu estilo de vida.

A investigação prova que a criatividade nos seres humanos está diretamente relacionada com o aumento da atividade sexual. Isto permite-nos responder à questão que há muito atormenta os geneticistas - porque é que a esquizofrenia (uma doença hereditária) é tão generalizada? Afinal de contas, a predisposição para a esquizofrenia é observada apenas numa pessoa em cada cem. A resposta pode estar no facto de o fator genético responsável pela esquizofrenia fazer com que as pessoas tenham simultaneamente naturezas artísticas que são atraentes para o sexo oposto.

Os artistas, intérpretes e poetas profissionais têm mais probabilidades de serem esquizóides, afirmam os Drs. Daniel Nettle e Helen Clegg. E, em média, têm cinco a dez vezes mais parceiros sexuais do que as pessoas com profissões não criativas. O brilhantismo e a singularidade do talento são como a cauda de um pavão que atrai uma fêmea. De acordo com a investigação do Dr. Jeffrey Miller, da Universidade do Novo México, as capacidades mais impressionantes de uma pessoa são uma ferramenta de cortejo inigualável que atrai parceiros sexuais.

Os dados estatísticos também estão do lado dos criadores - o número médio de parceiros sexuais é diretamente proporcional à atividade criativa, o que nos leva a uma teoria evolutiva que explica porque é que certas qualidades do tipo de personalidade esquizoide persistem tão fortemente na sociedade.

"As pessoas criativas são muitas vezes vistas como mais atraentes e são objeto da atenção de todos", observou o Dr. D. Nettle no seu artigo. - São frequentemente muito carismáticas e criam obras que despertam o interesse por si próprias".

CAPÍTULO IX. A MANIPULAÇÃO DA CONSCIÊNCIA: COMO FUNCIONA

O século XX foi revolucionário em quase todas as áreas do conhecimento: as pessoas aprenderam a viajar de avião, os cantos mais remotos foram iluminados por eletricidade, os cavalos foram substituídos por carros... É impossível enumerar tudo o que mudou nas nossas vidas em cem anos. Também foram feitas descobertas sérias na capacidade de manipular a mente das pessoas. Só que, ao contrário das conquistas acima referidas, estes sucessos não são tão visíveis e aqueles que os utilizam não têm pressa em divulgá-los.

No século XIX, os manipuladores da mente podiam ser contados pelos dedos de alguns: representantes de algumas seitas, alguns, muito poucos, funcionários de serviços especiais, mesmeristas, ou, para o dizer em termos modernos, hipnotizadores, burlões de confiança. E a maior parte destas pessoas não pensava utilizar qualquer tecnologia ou métodos comprovados. Todos, com exceção, talvez, apenas dos mesmeristas, atingiam o seu objetivo com a ajuda da intuição e cometiam muitos erros. E o século XX criou toda uma ciência de manipulação, tanto de indivíduos como de grupos de pessoas. Foram inventadas muitas formas de manipulação, e vamos considerar apenas as mais famosas. Mas vamos começar, afinal, pela história.

"Lavagem cerebral".

Acredita-se que Jonathan Edwards, o fundador do movimento revivalista cristão, foi o primeiro a utilizar a tecnologia de lavagem cerebral. Muito provavelmente, ele inventou acidentalmente a técnica durante uma "cruzada" religiosa em Northampton, Massachusetts, em 1735.

Convencendo a audiência de que eram pecadores, Edwards acompanhou o seu sermão com cenas vívidas de medo, aumentando gradualmente a tensão. Desta forma, descobriu que podia levar o seu público a obedecer-lhe completamente. Ele foi capaz de simular condições em que as velhas suposições da vida de sua audiência eram apagadas e novas tomavam seu lugar.

"Vós sois pecadores! - pregava Edwards. - Estais condenados ao tormento eterno!". No final, dois dos seus ouvintes decidiram suicidar-se. Um deles foi salvo, mas os vizinhos dos "novos crentes" testemunharam que ficaram tão abalados com o sermão que, embora estivessem "eternamente salvos", não conseguiam perdoar-se pelas suas vidas pecaminosas anteriores.

A questão é que a lavagem cerebral é chamada de lavagem cerebral porque todas as antigas crenças do ouvinte são apagadas e novas crenças devem tomar o seu lugar. Edwards não mudou para um programa positivo até o final do sermão, e assim aqueles que não ouviram o sermão estavam completamente sob a influência do programa negativo.

Quatro anos mais tarde, em 1739, outro riwayvalista, Charles Finney, usou o trabalho de Edwards nos seus sermões na cidade de Nova Iorque. A tecnologia de Edwards, desconstruída e muito mais elaborada, continua a ser usada atualmente. É usada não apenas em cultos religiosos, mas também em treinamentos de desenvolvimento pessoal, nas forças armadas dos Estados Unidos, em vários treinamentos de negócios que agora chegaram até nós, e em muitos outros lugares....

O princípio desta técnica foi formulado pelo académico Pavlov, que distinguiu três fases separadas e consecutivas da inibição (o estado que precede a hipnose). A primeira é a fase de equilíbrio, durante a qual o cérebro dá a mesma reação a estímulos fortes e fracos. A segunda fase é a fase paradoxal, quando o cérebro começa a reagir mais fortemente aos estímulos fracos do que aos fortes. Na terceira fase, superparadoxal, as reacções e os padrões de comportamento passam de positivos para negativos e de negativos para positivos.

Na primeira fase, o manipulador influencia as emoções de um indivíduo ou grupo de pessoas, numa tentativa de levar a audiência a um nível anormal e elevado de raiva ou medo. A capacidade de raciocínio dos ouvintes nesse estado é reduzida e a sugestionabilidade é aumentada. Já na primeira fase cerebral é muito mais fácil dominar a mente dos ouvintes e é possível substituir os programas mentais existentes por outros novos. Nas seitas, para além da influência psicológica, utiliza-se também a influência fisiológica: jejum, regulação da respiração, entoação de mantras, redução do sono. É também possível influenciar através de efeitos luminosos ou sonoros, odores invulgares de incenso ou mesmo substâncias psicotrópicas.

Se quiser ver na prática as técnicas da lavagem ao cérebro moderna, assista a uma reunião de uma seita ou a um seminário de marketing de rede. No entanto, este método é pouco adequado para pessoas que não estão completamente seguras da sua estabilidade psicológica. Tanto lá como cá, verá quase a mesma imagem: enquanto as pessoas se reúnem, toca uma música monótona, cujo ritmo monótono está muito próximo do ritmo do coração. Assim, já na fase preliminar, uma percentagem significativa dos visitantes (e as pessoas com sugestionabilidade acima da média acabam por estar nessas reuniões) cairá num estado alterado de consciência, o chamado estado alfa. Uma pessoa neste estado é vinte e cinco vezes mais sugestionável do que uma pessoa num estado são, beta. A mesma música (ou o mesmo ritmo) é geralmente tocada em todos os cultos, e aqueles que comparecem instantaneamente, sem transição, caem no estado alfa, evocando inconscientemente em si mesmos os sentimentos que experimentaram em ocasiões anteriores.

Depois, o apresentador aparece e começa a palestra com uma "voz de metrónomo" perfeitamente colocada: fala um pouco mais alto do que o habitual, claramente e num determinado ritmo. É este o método utilizado pelos hipnotizadores para colocar um paciente em transe: as palavras são pronunciadas a um ritmo de 45-60 batidas por minuto. Com este ritmo de discurso, obtém-se o máximo efeito hipnótico. O discurso do apresentador utiliza imagens vivas mas assustadoras: fala de doença, pobreza, familiares infelizes e outras coisas e acontecimentos negativos.

Depois, quando o público "amadurece", começa a parte "positiva" do processo. O apresentador fala de como a sua vida vai mudar se comprar este produto (ou se acreditar em Deus), de como esta escolha terá um efeito favorável sobre si: vai ficar saudável, rico, etc. Então, muitas vezes, saem da sala testemunhas oculares: "Eu estava muito doente, (pobre, gordo), mas assim que comecei a consumir e a vender este produto (ou a aderir a uma seita), tudo mudou para melhor!

Depois de ouvir algumas histórias como esta, a pessoa comum começa a acreditar que poderá definitivamente dar esse rumo à sua vida. Ao mesmo tempo, os assistentes ou os gerentes do apresentador aproximam-se dele e oferecem-se para comprar o que foi oferecido no palco ou, se se tratar de um culto, para falar "mais a fundo".

No caso do marketing de rede, após uma breve conversa, a pessoa tira a carteira e depois, em casa (nessa mesma noite ou alguns dias mais tarde, depende do grau de sugestionabilidade), fica verdadeiramente surpreendida: porque é que eu fiz isto, porque nunca consegui vender nada! Com uma seita, tudo é um pouco mais complicado: a pessoa tem de vir várias vezes, e a cada nova visita fica cada vez mais enredada na rede cuidadosamente organizada pelos lavadores de cérebros. Com o tempo, torna-se uma espécie de toxicodependente que já não consegue, ou melhor, tem medo de viver sem as sensações de transe que experimenta nas reuniões da seita.

As três fases da persuasão

Graças a Deus, na vida quotidiana, é menos provável encontrarmos sectários do que representantes do marketing de rede. Embora os encontros com estes últimos também deixem frequentemente um resíduo desagradável. O facto é que, depois de comprarem um "produto", muitos clientes "pensam no assunto", não vendem mais o "produto" e não dão lucro aos seus recrutadores. Por isso, os "marketeers" estão constantemente à procura de novos clientes.

Para recrutar apoiantes, os "marketeers" precisam de os fazer entrar na primeira fase cerebral. Normalmente, dispõem de pouco tempo, pelo que utilizam três princípios básicos de venda de um "produto" que nunca mudam.

1. Isolamento. A reunião realiza-se num local onde os participantes estão isolados do mundo exterior. É preferível que se trate de uma casa de campo ou de um barco, mas uma sala normal sem janelas também serve. Pede-se aos participantes que desliguem os telemóveis e proíbe-se que saiam da sala durante a sessão.

2. Repetição constante da mesma coisa, mas com variações diferentes. O facilitador fala vezes sem conta sobre a importância de

não quebrar o contrato: "Não devem quebrar o contrato", "Não quebrem o contrato", "O contrato não deve ser quebrado", "Nunca quebrem o contrato" e assim por diante. Muitas vezes, durante a sessão, os participantes prometem a si próprios e ao facilitador que vão honrar os acordos que fizeram.

3. Diminuir a capacidade de raciocínio. Depois de lhe terem sido apresentados todos os "trunfos", a tarefa do apresentador é privá-lo da capacidade de raciocinar, não lhe dar tempo para desenvolver ceticismo ou dúvidas. Para o fazer, é simples: é sobrecarregado com novas impressões que o seu cérebro não tem tempo para processar. Segue-se um pequeno truque: fica convencido da sua força, de que está a controlar a situação e a pensar corretamente. A pessoa que o está a "guiar" faz uma pergunta simples para a qual tem a certeza de saber a resposta certa. A técnica é muito simples, mas funciona sem falhas: o cérebro sobrecarregado de impressões, tendo passado este "teste", começa a acreditar que tem tudo sob controlo e que a imagem do mundo que está a surgir é correcta. Depois, o apresentador pressiona novamente o seu cérebro, fornecendo-lhe uma nova porção de informação.

É interessante que, em muitas pessoas, a mente subconsciente reage a essa sobrecarga, tentando dizer ao seu dono: "Algo está errado aqui, algo errado está a acontecer". Não há uma reação significativa, mas há irritação, raiva, em suma, há energia negativa, que o facilitador solta imediatamente na direção que quer, puxando-o ainda mais para a sua rede.

Só há uma maneira de sair de uma situação destas - transformar-se num "buda", não deixar que as emoções positivas ou negativas tomem conta de si. E regressar a casa o mais rapidamente possível. Mas, infelizmente, muito poucas pessoas são capazes de o fazer.

Hipnose misteriosa

A hipnose é a fase seguinte da influência sobre uma pessoa. Este estado de consciência caracteriza-se por um estreitamento do seu volume e por uma concentração acentuada no conteúdo da sugestão, o que está associado a uma alteração da função de controlo individual e da autoconsciência. A pessoa que está a ser sugestionada encontra-se num estado de letargia induzido artificialmente - sonolência ou pseudo-sono. Embora esta seja uma das técnicas mais antigas de influenciar a consciência, o termo "hipnose" foi introduzido em 1843 pelo médico inglês J. Brad (Bryd).

A hipnose é amplamente utilizada na medicina para tratar o excesso de peso, neuroses de todas as formas, gaguez, depressão, medos, falta de apetite, alterações de humor, sentimentos de solidão, pânico e ansiedade. É também utilizada para tratar doenças psicossomáticas como a úlcera péptica, a hipertensão, a asma brônquica, a transpiração excessiva, a febre ou arrepios, a sonolência excessiva, as náuseas e as tonturas. A hipnose é também utilizada para eliminar vários tipos de dependências, como a dependência do álcool, do tabaco, das drogas, do jogo ou mesmo a dependência psicológica de pessoas, como um antigo parceiro ou chefe.

B. V.M. Bekhterev, um proeminente médico russo, definiu a hipnose como um dos três estados cerebrais básicos, juntamente com o sono e a vigília. Numa pessoa cujo cérebro funciona em hipnose, a suscetibilidade à sugestão aumenta, o poder da palavra torna-se especialmente significativo para ela, e a acuidade dos factores reais é enfraquecida. Vale a pena dizer que nem todos são igualmente receptivos aos efeitos da hipnose, e os especialistas acreditam que a sugestionabilidade está em correlação direta com o desenvolvimento do pensamento figurativo. Quanto maior for a inteligência e o potencial criativo de uma pessoa, mais hipnotizável (sugestionável) ela é.

O fenómeno da hipnose em massa é interessante: em grandes multidões, a sugestão mútua - sugestionabilidade colectiva - aumenta. Por exemplo, no início de uma sessão, o hipnotizador pede aos presentes que façam um sinal se sentirem algo de invulgar. Aqueles que são particularmente susceptíveis à sugestão são os primeiros a reagir, e então começa uma reação em cadeia. Algo semelhante pode ser observado em reuniões de seitas ou de pessoas envolvidas em marketing de rede.

Apesar de a hipnose ser atualmente muito utilizada na medicina, o seu fenómeno, tal como o fenómeno da resposta cerebral, não é totalmente compreendido. Os cientistas, por exemplo, têm dificuldade em dar uma explicação clara para o facto de, sob hipnose, uma pessoa poder mergulhar tanto no passado como no futuro.

Se a pessoa sugestionável for "enviada" para o período mais precoce da sua vida, a sua psique será um modelo da psique de um recém-nascido com sinais e reacções característicos desta idade: choro sem lágrimas, o chamado nadar dos olhos, reflexos de sucção e de agarrar. Vale a pena "transferir" o que foi doutrinado no jardim de infância - e o adulto começa a construir casas a partir de cubos, chorando e rindo como uma criança. Existe uma versão segundo a qual, no processo de permanência do cérebro num estado hipnótico, o hemisfério esquerdo, responsável pelo pensamento lógico, passa para o mecanismo de funcionamento do hemisfério direito "associativo de imagens". Neste caso, regressam os princípios de funcionamento do cérebro característicos da infância. Neste estado, a capacidade de aprendizagem da pessoa aumenta e ela pode absorver uma quantidade de informação enorme, para os padrões adultos.

Podemos falar sobre as possibilidades da hipnose durante muito tempo. Os hipnotizadores mergulham os pacientes não só na infância, mas também na velhice, e as reacções de uma pessoa de meia-idade tornam-se "senis": as mãos tremem, a fala torna-se arrastada, etc. Será que isto significa que, algures no nosso cérebro, temos um programa pronto a usar sobre como envelhecer?

A Hipnose Oculta de Milton Erickson.

Mas vamos falar um pouco mais tarde sobre o excitante tema da juventude eterna, e agora voltemos à manipulação da consciência. Para além dos hipnotizadores com voz ritmada, há aqueles que tentam tornar o seu trabalho o mais discreto possível.

O campo da hipnose, de que vamos falar, é muito comum atualmente. O seu nome é uma homenagem ao seu criador, o famoso psicoterapeuta e hipnotizador Milton Erickson (1901-1980). Durante a sua longa vida, fez muitas coisas: fundou uma escola de psicoterapia, curou cerca de quarenta mil pacientes, defendeu os graus de bacharel, mestre em psicologia e doutor em medicina na Universidade de Wisconsin, criou a "American Society of Clinical Hypnosis" e tornou-se o seu primeiro presidente, fundou e dirigiu o "American Journal of Clinical Hypnosis", escreveu mais de 140 artigos científicos e livros sobre hipnose.

Os métodos e técnicas criados por Erikson são atualmente dominantes na psicologia americana e ocupam um lugar importante na prática psicológica mundial.

Milton Erickson é um exemplo de um sonho americano tornado realidade, um homem que "se fez a si mesmo". Nasceu numa pequena cidade mineira no oeste dos Estados Unidos, mas pouco depois do seu nascimento, a família Erickson mudou-se para Wisconsin.

Quando o rapaz cresceu, descobriu-se que não conseguia percecionar as cores e que via o mundo apenas a preto e branco. Mas isso não era suficiente, e a natureza privou Milton da capacidade de distinguir o tom dos sons. Aos dezassete anos de idade, Milton adoeceu com poliomielite e ficou incapacitado para o resto da vida. Mas a doença não o assustou, e talvez, pelo contrário, tenha despertado nele o desejo de trabalhar e melhorar.

Completamente paralisado, Erikson passou horas a concentrar-se nos pequenos impulsos dos músculos da perna e, no início, conseguiu movimentos pouco perceptíveis e, um ano depois, já se movia com muletas. Arranjou um emprego sedentário numa fábrica de conservas e poupou dinheiro para a universidade. Depois do primeiro ano, embarcou numa perigosa viagem de canoa do Lago Madison, atravessando o Mississippi até Rock River e regressando a Madison.

Depois de se formar em medicina, estagiou e exerceu a profissão num hospital psiquiátrico no Colorado. Erickson logo aceitou um cargo de psiquiatra associado no Rhode Island State Hospital. E alguns meses mais tarde, em abril de 1931, foi aceite na equipa do Serviço de Investigação do Hospital Estatal de Worcester, onde rapidamente ascendeu a psiquiatra chefe do serviço. Quatro anos mais tarde, veio para Eloise, no Michigan, e foi nomeado diretor do Centro de

Investigação e Formação Psicológica do Wayne County Hospital. Nessa altura, tornou-se também membro associado de psiquiatria no Wayne State College of Medicine, ao mesmo tempo que era professor de psicologia clínica na Universidade de Michigan.

Em Eloise, Erickson começou a utilizar a hipnose para formar profissionalmente os residentes. Erickson mudou-se então para Phoenix, onde estabeleceu um consultório particular. Lá ele se casou e teve cinco filhos.

Há um exemplo muito interessante de manipulação (aqui no sentido positivo) que o próprio Erickson dá no seu artigo "Hypnotherapy in Paediatrics". Quando o filho de Milton, Robert, caiu das escadas, esmagou o lábio e cravou o dente superior da frente no maxilar, o menino gritou alto de dor e horror. Os pais correram para ele: "Nem sequer tentámos levantá-lo. Em vez disso, assim que ele parou para apanhar ar para outro grito, eu disse-lhe rapidamente, de forma simples, simpática e significativa: "Dói muito, Robert. Dói-me muito". Sem dúvida que, nesse momento, o meu filho percebeu que eu sabia do que estava a falar. Ele podia concordar comigo e sabia que eu também concordava plenamente com ele. Por isso, agora ele podia ouvir-me e confiar em mim, porque eu lhe tinha mostrado uma compreensão total da situação. Depois disse ao Robert: "E vai doer na mesma." Com esta simples afirmação, expressei o seu medo, confirmei a sua visão da situação, mostrei-lhe a minha total compreensão e a minha total concordância com ele - porque, naquele momento, parecia-lhe que o seu sofrimento e a sua dor nunca iriam acabar. O passo seguinte que ele e eu demos foi proclamar (enquanto ele fazia uma nova pausa para respirar): "E tu queres mesmo que deixe de doer". Mais uma vez, estávamos completamente de acordo, e eu estava a conceder e até a encorajar o seu desejo. E era o seu desejo, que vinha do seu interior e encerrava a sua necessidade urgente. Tendo definido a situação desta forma, já podia propor algo e ter a certeza de que ele concordava comigo. Então sugeri: "Talvez pare de doer depois de um tempo, num minuto ou dois". Esta sugestão estava totalmente de acordo com as suas próprias necessidades e desejos e, como continha as palavras "talvez pare", não entrava em conflito com a sua própria compreensão da situação. Assim, ele podia aceitar a ideia e responder-lhe.

Robert sabia que estava a sofrer, que estava a sofrer; via o sangue no chão e nas mãos, sentia-o na boca. E, como qualquer outro homem no seu lugar, queria ver algo de especial na sua desgraça e desejava um conforto especial. Ninguém quer ter uma dor de cabeça insignificante; se lhe dói a cabeça, que lhe doa tanto que ele, o sofredor, seja o único a poder suportá-la. Como o orgulho humano pode ser reconfortante! A atenção de Robert foi, portanto, dirigida para dois objectivos vitais, expressos nas seguintes afirmações simples: "Quanto sangue há na terra! Que sangue maravilhoso, saudável e bom! Mamã, olha com atenção e verás. Tenho a certeza que é, mas quero que também fiques convencida". Examinámos cuidadosamente o sangue e confirmámos que era de facto saudável e bom, mas ainda precisávamos de fazer um estudo da qualidade do sangue em relação ao lavatório branco da casa de banho. Assim, o rapaz, que já tinha parado de gritar de dor e de medo, foi lavado. Quando foi levado ao médico para levar pontos, perguntaram-lhe primeiro se aguentava o que já tinha sido feito à sua irmã uma vez. Os pontos foram feitos sem anestesia, porque o rapaz estava interessado no resultado do procedimento.

De facto, esta história resume toda a essência do método hipnótico de Erickson. A hipnose Ericksoniana utiliza a capacidade inerente ao ser humano de cair num transe involuntário, pelo que todos são susceptíveis de o fazer, incluindo aqueles que o possuem.

A técnica de hipnose Eriksoniana consiste na seguinte sequência de passos:

- anexação da instalação;
- Comportamento;
- indução de transe;
- sugestão, manipulação;
- tirando o sujeito do transe.

O principal, claro, é colocado no início da comunicação e, por isso, a primeira fase é muito importante, pois dela depende o sucesso de outras acções.

Lembre-se que, por vezes, encontra um conhecido que está aborrecido com alguma coisa e que, em resposta às suas queixas, se limita a acenar com a mão: "Não é nada, vai passar! Ele está de bom humor e não quer ser "carregado" com os seus problemas. Pode compreendê-lo a ele e a si - não há certo ou errado numa situação destas. Qualquer um de nós ignora frequentemente tanto os pedidos de ajuda como os pedidos para partilhar a diversão.

Mas há pessoas que são chamadas "a alma da empresa", grandes conversadores, que todos adoram.

O seu segredo é simples, são três letras - PNL.

Programação neurolinguística - PNL.

Os fundadores de uma das tendências da psicologia prática (Programação Neurolinguística, PNL), Grinder e Bendler, tentaram compreender a diferença entre psicoterapeutas bem sucedidos e mal sucedidos. A questão era muito simples: os especialistas mais procurados começavam sempre o seu trabalho "juntando-se" ao cliente e só depois exerciam qualquer influência. Os terapeutas sem sucesso tentavam influenciar de uma só vez - e não obtinham qualquer resultado.

Assim, para começar a influenciar uma pessoa, é preciso, antes de mais, juntar-se ao seu estado de espírito, mostrar-lhe que considera os seus problemas e as suas alegrias como seus. Lembre-se de que o apóstolo Paulo, fundador da Igreja Cristã, escreveu que, com os helenos, ele era um heleno, e com os judeus, um judeu. Portanto - não há nada de novo debaixo da lua.

Uma das formas mais fáceis de se juntar é através da postura corporal. Se quiser utilizar este método para sentir o estado interior do seu interlocutor, deve copiar exatamente a sua postura. Se ele estiver numa postura fechada, ou seja, com os braços e as pernas cruzados, adopte a mesma postura. Mas, ao fim de 1 a 2 minutos, mude a sua postura e, se o seu interlocutor também mudar a dele, significa que já se juntou a ele e que o está a "guiar".

O segundo método de ligação é feito através da respiração. Trata-se de uma técnica de influência mais difícil, mas é mais difícil de notar e, por conseguinte, mais difícil de fechar. Deve começar por respirar da mesma forma que o seu interlocutor e depois, gradualmente, tornar a sua respiração mais profunda e mais lenta. Se a respiração do seu interlocutor também mudar, isso indicará que a união foi bem sucedida. Mas aqui há uma dificuldade, que surge se os interlocutores forem de sexos diferentes. A natureza criou-nos de forma diferente: os homens têm uma respiração abdominal e as mulheres uma respiração torácica. Neste caso, é desejável utilizar a junção indireta, por exemplo, começar a mexer um dedo ou a balançar uma perna ao mesmo tempo que a respiração do interlocutor. Estes movimentos devem estar no campo de visão do interlocutor, mas não os realce. Faça com que estes movimentos sejam pouco perceptíveis, para que o seu interlocutor não possa conscientemente prestar atenção a eles.

Outra forma de se juntar é copiar micro-movimentos. Por exemplo, se o seu interlocutor tocar nos seus lábios ou na sua testa de vez em quando, comece a fazer o mesmo. Ou outra opção: indicar várias vezes o início de um gesto semelhante e depois tocar no nariz. Se o seu interlocutor repetir o movimento depois de si, o contacto está estabelecido.

Outro método de adesão é psicológico; sem ser um perito sofisticado, é quase impossível de detetar. Existe uma ligação estreita entre os movimentos dos olhos e o modo de pensar que uma pessoa está a utilizar no momento. Tente agora mesmo lembrar-se da cor dos olhos do seu conhecido. Primeiro, terá de imaginar mentalmente o seu rosto. Uma pessoa pensa em imagens internas, e a imagem que está a utilizar neste momento reflecte-se nos seus movimentos oculares.

- Mover os olhos para cima e para a esquerda ou para a direita indica que a pessoa está a criar uma imagem visual (como no nosso exemplo), e um olhar desfocado indica o mesmo.

- Mover os olhos para a direita ou para a esquerda significa que a pessoa está a criar uma imagem auditiva para si própria, ou seja, a imaginar mentalmente os sons da música, o som de uma voz familiar ou palavras ditas por alguém.

- Se os olhos se moverem para a esquerda e para baixo, isso indica que a pessoa está a pensar no que vai dizer a seguir. Estes movimentos não indicam necessariamente que o interlocutor lhe está a mentir. Claro que é possível, mas o mais provável é que ele esteja apenas a controlar cuidadosamente o seu discurso. E isso é importante para compreender a essência da conversa.

- Mover os olhos para a direita e para baixo significa que, nesse momento, a pessoa está a criar ou a lembrar-se de imagens e sensações corporais: por exemplo, calor, frio, fome, fadiga, ternura, ou sabores e cheiros.

Naturalmente, nem todos os olhares e nem todos os movimentos oculares significam a criação de algumas imagens internas. Também pode acontecer que uma pessoa se limite a olhar para os objectos que a rodeiam, mas com um pouco de atenção, é possível começar a distinguir os olhares. Quando são criadas imagens internas, os olhos contorcem-se, o olhar concentra-se num ponto, as pupilas dilatam-se, as pálpebras pestanejam com menos frequência. Fale com os seus conhecidos, siga os movimentos dos seus olhos e, em poucos dias, será capaz de distinguir entre um olhar normal e um olhar que significa a criação de imagens, em que a pessoa cai num transe superficial.

Se continuar a sua observação, verificará que cada pessoa tem um sistema habitual de imagens com que pensa: algumas pessoas têm imagens visuais, outras têm imagens corporais ou, por outras palavras, cinestésicas, e outras ainda preferem imagens auditivas.

O sistema de orientação de uma pessoa pode ser deduzido a partir dos verbos que utiliza no seu discurso. Se uma pessoa está orientada para imagens auditivas, diz "ouve", "parece fascinante", "vamos discutir", etc. Para se juntar a essa pessoa, deve utilizar os mesmos verbos.

Uma pessoa cujo pensamento é dominado por imagens visuais tem mais facilidade em explicar a sua posição com as palavras "vamos ver", "vamos ver", "belas perspectivas" e outras semelhantes.

Com pessoas orientadas para o corpo, utilize palavras como "sentir", "tocar", "andar" e outras semelhantes.

Um pouco de terminologia. Uma pessoa com imagens visuais predominantes no pensamento é chamada visualista, com imagens auditivas - auditiva, vivendo com sensações corporais - cinestésica.

Estado de transe

Milton Erickson provou que toda a gente entra em transe involuntário de vez em quando e, portanto, todas as pessoas precisam de transe tanto quanto precisam de dormir. O transe involuntário é um estado especial da psique, no qual a mente analisa pensamentos e impressões, tentando tirar conclusões a partir deles. Na maioria das vezes, o estado de transe surge durante o trabalho rotineiro e monótono. Se tiver de virar, por exemplo, cinquenta páginas deste livro, ao fim de algum tempo vai aperceber-se de que, enquanto continua a fazer contas, está a pensar em algo completamente alheio. Trata-se de um transe. Uma longa viagem de transportes ou uma espera, como uma fila de espera, também colocam a pessoa num estado de transe natural. Aliás, pode ser bastante profundo: quem de nós não passou pela sua paragem?

O estado de transe é fácil de definir. Os seus principais sinais são:

- imobilidade da postura;
- músculos relaxados;
- respiração lenta;
- olhar fixo;
- pupilas dilatadas;
- abrandamento dos movimentos de pestanejo e de deglutição;
- Resposta reduzida ao ruído externo e atraso nas respostas motoras.

Mas em vez de esperar que a pessoa entre em transe, pode induzir esse estado você mesmo. Milton Erickson disse que se deve **dizer algumas frases sobre o que está a acontecer neste momento, com as quais a pessoa concordará**. Essas frases colocarão a pessoa em transe, e então você pode dizer a frase que quiser, com a qual a pessoa também concordará.

Quebrar estereótipos

Existem também técnicas mais sofisticadas destinadas a levar o seu interlocutor a concordar consigo. A técnica da **"reação negativa"** foi concebida para aqueles que não fazem sempre o que lhes é pedido. É difícil cooperar com essas pessoas, mas é muito fácil jogar com elas "do lado oposto". Se precisar, por exemplo, que uma pessoa deste psicótipo se mantenha em silêncio, diga a alguém presente, ou apenas teatralmente, ao lado: "Agora ele vai responder-nos...". Isto fará com que a pessoa teimosa e obstinada na negação permaneça em silêncio durante bastante tempo, especialmente se repetir de vez em quando o mesmo movimento de cabeça que fez quando disse a frase-chave.

Outra técnica, "quebrar **estereótipos".** Outra técnica, "quebrar estereótipos", foi concebida para o facto de uma pessoa cair frequentemente em transe quando não obtém uma reação habitual a uma determinada ação. Por exemplo, quando vemos uma mão estendida para um aperto de mão, activamos imediatamente o comportamento estereotipado e estendemos a nossa própria mão em troca. Toda a gente desenvolveu um estereótipo de comportamento quando o telefone toca, quando a campainha da porta toca, etc. A comunicação na equipa e na família é constituída, em mais de metade, por estes estereótipos, que são necessários para aliviar a mente do trabalho rotineiro.

Mas se parar a sua mão que já está a estender-se para um aperto de mão, verá como o seu interlocutor ficará confuso. Levante-se e saia do escritório quando o telefone tocar, e os seus colegas ficarão confusos.

Eis um exemplo comum de uma técnica de quebra de estereótipos. Ao despedir-se, o interlocutor estende-lhe a mão direita e, quando você lhe estende a mão, ele intercepta-a com a mão esquerda e diz uma frase de código, que o programa para acções favoráveis a ele. E completa o aperto de mão com a mão direita, como de costume.

Outra forma de manipulação é a técnica do **"bamboozling"**. É normalmente utilizada por ciganos e agentes de vendas. O manipulador fala muito, saltando de um tema para outro e exigindo constantemente a sua confirmação: "Está a ver, sim?", "É verdade, não é?". O seu discurso é bastante significativo, mas as frases não são construídas de forma lógica e o seu significado não é imediatamente compreendido. O seu cérebro não tem tempo para compreender este discurso rápido mas complexo, perde-se e, depois, o seu interlocutor diz uma frase-chave, com a qual, na maioria das vezes, concorda, porque é mais fácil para si concordar do que ouvir tudo desde o início. A cada nova confirmação, fica-se cada vez mais enredado nas redes criadas pelo hábil "falador".

Existem tantas formas de manipulação que é impossível enumerá-las num só livro. No final deste capítulo, vale a pena mencionar mais uma delas, que é um pouco diferente em termos de técnica das mencionadas acima. Chama-se "ancoragem".

O manipulador pede-lhe para recordar um momento da sua vida, por exemplo, uma grande alegria ou um grande susto. Assim que o seu olhar se desvanece e entra em transe, o manipulador estabelece imediatamente uma "âncora": faz um movimento, diz uma palavra ou, muito provavelmente, toca num determinado ponto do seu corpo. No futuro, para lhe causar medo ou alegria, bastará que o manipulador faça o mesmo movimento ou lhe toque da mesma forma. Por exemplo, se estiveres pronto para tomar uma decisão desfavorável, ele poderá utilizar uma "âncora" no teu medo. Embora, na realidade, nada mude, é provável que adie a sua decisão, explicando-a com um medo súbito e inexplicável (que poderá atribuir a uma intuição ou premonição) de que "algo está errado aqui".

CAPÍTULO 10. POSSIBILIDADES FENOMENAIS DO CÉREBRO. COMO DESENVOLVER CAPACIDADES PSÍQUICAS EM SI PRÓPRIO

O termo "perceção extrassensorial" vem das palavras latinas extra, "para além" e sensus, "sentimento". É o nome dado às sensações ou sentimentos que recebemos com a ajuda de mecanismos perceptivos que ainda não foram estudados. É evidente que as suas raízes, tal como as raízes dos sentidos comuns, devem ser procuradas no nosso cérebro.

Alguns especialistas acreditam que estes superpoderes estão associados a anomalias no desenvolvimento do cérebro.

A investigação maciça sobre os superpoderes humanos começou no final do século XIX e, entre 1880 e 1940, foram publicados 145 relatórios de investigação, envolvendo cerca de 80.000 indivíduos.

As opiniões do mundo científico dividem-se, mas os autores de 106 estudos científicos confirmaram que os resultados são claramente superiores aos da amostragem aleatória.

Mecanismos de perceção inexplorados

As mais famosas foram as experiências de sete anos sobre capacidades psíquicas do Dr. J. B. Rine, um cientista da Universidade de Duke, cujos resultados publicou em 1934 numa monografia intitulada "Psychic Perception".

O Dr. Rhyne usou nas suas experiências baralhos de cartas Zener com imagens de cinco símbolos simples - uma cruz, um círculo, uma linha ondulada, um quadrado e uma estrela. O próprio Rein descreveu o seu trabalho com um dos "videntes", o licenciado em teologia Hubert W. Pierce, da seguinte forma: "As condições de trabalho eram as seguintes: o observador e o sujeito sentavam-se frente a frente numa mesa com cerca de uma dúzia de baralhos de cartas Zener e um diário. Um dos baralhos era entregue a Pierce para o baralhar. (Ele achava que isso criava um "relacionamento" mais forte). O baralho era então colocado sobre a mesa e o observador retirava-o. De seguida, Pierce pegava no baralho e levantava a carta do topo, segurando o baralho e a carta levantada virados para baixo; depois de anunciar a carta, colocava-a na mesa ainda virada para baixo. O observador registava o seu anúncio. Após cinco ou vinte e cinco anúncios - em geral, utilizámos as duas condições da mesma forma - as cartas anunciadas foram viradas e comparadas com os anúncios registados no diário. Cada cartão foi revisto e verificado pessoalmente pelo observador, embora o sujeito, a pedido do observador, também tenha participado na verificação, pondo de lado os cartões já verificados. No decurso de uma tarefa tão simples, é simplesmente impossível enganar um observador atento no seu próprio laboratório, uma e outra vez... Para a ronda seguinte, foi tirado outro baralho de cartas.

Posteriormente, surgiram algumas críticas à metodologia de Rein, tendo alguns afirmado que esta não podia proteger contra a fraude. Rein reagiu favoravelmente às críticas e fechou imediatamente os alegados "buracos" que lhe foram apontados. Mas isso não teve qualquer efeito nos resultados.

Em 1940, Rein e outro investigador, J. G. Pratt, resumindo as pesquisas das últimas décadas, publicaram "Psychic Perception Sixty Years Later". Nesta obra, trinta e cinco hipóteses críticas, cujos autores tentaram refutar os resultados positivos da investigação sobre os superpoderes, foram discutidas em pormenor.

Os críticos sugeriram erros na análise estatística dos resultados, parcialidade na seleção dos dados publicados, imprecisões no relato das experiências e muitas outras razões que poderiam levar a conclusões incorrectas. Mas Rhyne e Pratt refutaram de forma convincente todas as hipóteses. Por exemplo, o método de análise estatística utilizado por Rein foi estudado e aprovado por muitos matemáticos de renome especializados na teoria das probabilidades.

Rhyne e Pratt também mostraram que seis dos cento e quarenta e cinco estudos experimentais em análise não podiam ser explicados por nenhuma das contra-hipóteses apresentadas pelos opositores da parapsicologia.

No estudo de Ryn, foram efectuadas 1850 tentativas para adivinhar a tarefa alvo, ou seja, os cinco tipos de cartões.

De acordo com a teoria das probabilidades, um quinto das tentativas poderia ter sido bem sucedido devido a coincidências aleatórias. No entanto, um quinto de 1850 é igual a 350, mas as cartas foram adivinhadas corretamente em 558 casos.

De acordo com os especialistas, a probabilidade de tal coincidência é muito inferior à centésima milionésima parte. Assim, podemos dizer que os médiuns existem, sem dúvida. E embora se trate de uma matéria subtil, difícil de provar, que se manifesta longe de sempre, negar a sua existência é, no mínimo, uma tolice.

Г. Price, um químico da Universidade de Minnesota, observou muito corretamente na sua publicação de 1955 na revista Science que "os cientistas têm de escolher entre aceitar a validade da ciência psíquica e recusar-se a contar com as provas obtidas pelo método científico tradicional". Segundo Price, as melhores experiências só podem ser consideradas falsas em dois casos: ou assumindo que os cientistas são enganadores conscientes ou assumindo que são todos loucos.

Mais cedo ou mais tarde, era necessário reconhecer esses argumentos, e isso aconteceu em 1969: a Academia Americana para a Propagação da Ciência concedeu aos pesquisadores que se uniram para formar a Associação Parapsicológica o status de afiliados.

A experiência curiosa que se segue, cujos resultados foram publicados num artigo na revista Nature, foi realizada em 1974 no Stanford Research Institute em Menlo Park, Califórnia. O Dr. Harold Putow e o Professor Russell Targ colaboraram durante dezoito meses com o famoso médium Uri Geller. Numa das experiências, "o sujeito foi virtualmente separado dos experimentadores numa sala blindada durante uma semana e foi-lhe pedido que reproduzisse treze desenhos durante esse período. Geller não sabia quem tinha feito este ou aquele desenho, quem tinha selecionado os desenhos para ele e com base em que princípio tinha sido feita a seleção.

Os investigadores afirmam que o desenho alvo foi escolhido ao acaso e criado apenas depois de Geller ter sido isolado acústica, visual e eletricamente dos mesmos, numa sala com paredes duplas de metal. Os desenhos não foram discutidos pelos experimentadores ou mostrados a Geller.

Com exceção de duas experiências, os desenhos foram criados em salas adjacentes à sala blindada de Geller, com distâncias que variaram entre quatro e 470 metros. Nas outras experiências, os desenhos foram criados em salas adjacentes à de Geller, dentro da sala blindada. Os desenhos a serem reproduzidos por Geller representavam, por exemplo, um cavalo, um sistema solar, um cacho de uvas, uma árvore, um envelope, etc.

Para avaliar os resultados, todos os desenhos foram entregues a dois investigadores que não tinham nada a ver com a experiência. Estes fizeram corresponder os dados da tarefa-alvo com os dados da resposta sem qualquer erro; a probabilidade de correspondência era de uma num milhão...".

Noutra experiência, um dos investigadores abanou vigorosamente uma caixa metálica com um dado, colocou-a em cima da mesa e pediu a Geller para dizer o número que caía. A pureza da experiência era absoluta: a caixa estava fechada e o próprio experimentador não sabia o número que caía.

Geller, aliás, depois de algum tempo pareceu-lhe que as capacidades com que foi dotado pela natureza não eram suficientes e envolveu-se em truques elementares (em parte sem escrúpulos), pelos quais foi repetidamente acusado de fazer batota. Mas as experiências acima referidas, embora muitos mais tarde tenham duvidado da sua pureza, ninguém conseguiu explicar do ponto de vista materialista. Investigadores posteriores confessaram que Geller, em alguns casos, tentou fazer batota e com eles, mas que o seu talento não residia apenas na demonstração de truques, pode ser considerado comprovado.

Foram também efectuadas nove experiências sobre "clarividência", já com a participação de Price. Foram seleccionados cem locais, "alvos", perto do laboratório. Um grupo de investigadores foi então selecionado aleatoriamente para se dirigir a um desses locais. Price, sem saber para onde tinham ido, sentou-se com um experimentador, que também não conhecia o percurso dos investigadores, numa sala fechada, e descreveu o que aqueles que tinham ido ver o "alvo" estavam agora a ver. O relato de Price foi registado num gravador. No total, foram efectuadas dez viagens deste tipo. Os "viajantes" tinham então de identificar a que "viagem" pertencia cada uma das dez histórias de Price. Os "viajantes", cientistas do Instituto de Investigação de Stanford, não tinham nada a ver com a experiência. A votação mostrou que, seis vezes em dez, o que Price via correspondia ao que os "viajantes" viam.

"Embora haja imprecisões nas descrições de Price", observam Targ e Putow, "elas são suficientemente exactas para que os juízes as identifiquem.

Foram efectuadas várias outras experiências com resultados semelhantes. Targ e Putov escreveram que a sua investigação representa "um primeiro passo na procura de tais modelos de relações causais que permitiriam análises posteriores e desenvolvimentos teóricos em formas familiares ao pensamento científico".

Antecipação de catástrofes

Passemos a um estudo cujos resultados são talvez conhecidos de todos, mesmo daqueles que nunca se interessaram pela ciência psíquica. O matemático americano William Cox resumiu os dados de muitos milhares de voos ferroviários e descobriu que os comboios envolvidos em desastres transportavam invariavelmente menos passageiros do que os comboios de outros voos. Os voos em desvantagem careciam geralmente de cinco a dez por cento dos passageiros (como nos casos de acidentes de avião que já mencionámos), embora houvesse excepções: o Georgian Express, em junho de 1983, que viajava de Chicago para o leste do Illinois, tinha apenas seis pessoas a bordo no momento do acidente. E no comboio Chicago - Milwaukee, na altura do acidente, estavam cinquenta e cinco passageiros em vez dos habituais cento e cinquenta. Cox sugeriu que, a um nível subconsciente, muitos potenciais passageiros estavam cientes da tragédia iminente e, por isso, recusaram-se a viajar.

O Dr. Rupert Sheldrake apresentou a teoria dos "campos morfogenéticos" na década de 1980. Ele acreditava que as pessoas, os animais, as formações naturais e até mesmo os blocos de informação emitem energia que pode ser captada por outras pessoas. Sheldrake tentou provar a sua teoria de uma forma muito invulgar. Depois de encomendar a um artista um puzzle simples com uma imagem oculta, mostrou-o a voluntários em diferentes países europeus e registou o tempo médio que demoravam a adivinhar. O puzzle, juntamente com a pista, foi então apresentado na televisão britânica. Depois, na Europa continental, onde os programas de televisão britânicos não eram transmitidos, o inquérito foi novamente efectuado e verificou-se que a velocidade de resolução da imagem era agora muito superior. É difícil dizer até que ponto esta experiência tem falhas científicas, mas, por outro lado, a área que está a tentar explorar também não é exatamente correcta aos olhos da ciência clássica. No entanto, a experiência atingiu o seu objetivo e Sheldrake provou claramente a existência de "campos morfogenéticos".

Noutra experiência, Sheldrake pediu ao famoso poeta japonês Shuntaro Tanikawa que escrevesse dois poemas idênticos, em ritmo e tamanho, a uma famosa canção infantil japonesa conhecida por muitas gerações de crianças japonesas. Um poema de Tanikawa era lírico, enquanto o outro, a pedido de Sheldrake, não tinha significado, sendo apenas um conjunto de palavras rimadas. Estes dois poemas, juntamente com uma canção infantil, foram lidos várias vezes a grupos de voluntários em Inglaterra e nos Estados Unidos, a quem foi pedido que repetissem um dos poemas. Nenhum dos voluntários sabia japonês e a sequência de leitura dos poemas foi escolhida ao acaso. 62% dos participantes na experiência escolheram uma velha canção de embalar para repetir, embora, com base na lei dos números aleatórios, devesse ter sido escolhida por cerca de 33% dos voluntários. É claro que esta experiência também não é totalmente correcta do ponto de vista da ciência clássica, mas até agora ninguém foi capaz de refutar os seus resultados utilizando métodos científicos comprovados. Por isso, a investigação de Sheldrake é, no mínimo, algo em que se deve pensar.

A experiência de Sheldrake foi repetida a um nível ligeiramente diferente por Martin Johansson, um professor da Universidade de Lund, na Suécia. Num exame, distribuiu envelopes selados aos alunos, dizendo que continham papel de cópia, quando na realidade continham as respostas correctas a metade das perguntas do exame. Surpreendentemente, os alunos tiveram melhor desempenho exatamente nas perguntas cujas respostas estavam contidas nos envelopes.

Todas estas experiências estão certamente de acordo com a investigação de William Cox: parece que as pessoas conseguem captar do campo de informação que nos rodeia não só poemas e puzzles, mas também informações sobre catástrofes futuras.

Há muitos testemunhos de previsões de catástrofes. Não vamos recordar a massa de profecias sobre o destino do Titanic, mas sim analisar o caso da escola da aldeia de Aberfan, no Sul do País de Gales. Foram feitas muitas previsões sobre esta tragédia, que foram objeto de uma investigação aprofundada.

Em 21 de outubro de 1966, os depósitos de carvão da mina local, que se acumulavam há várias décadas e pesavam cerca de cem mil toneladas, deslocaram-se sob o efeito de chuvas prolongadas e soterraram a escola. O desastre matou 144 pessoas, incluindo 116 crianças.

Como acontece frequentemente após grandes tragédias, as redacções dos jornais foram inundadas com cartas dizendo que muitas pessoas tinham previsto a catástrofe. O Dr. John Barker, um psiquiatra londrino, interessou-se por este fenómeno. Analisou muitas centenas de previsões e ficou surpreendido ao descobrir que cerca de sessenta delas eram genuínas, ou seja, apoiadas por alguma evidência. Na maioria das vezes, essas provas eram os relatos de testemunhas que, mesmo antes da catástrofe, tinham ouvido o adivinho falar das suas estranhas visões.

A mãe de uma das alunas mortas, Eril May Jones, de dez anos de idade, disse que a sua filha não queria ir para a escola e que sonhava que a escola tinha desaparecido e que estava "coberta por uma enorme nuvem negra". A rapariga acrescentou: "Quando eu morrer, vou ter os meus amigos Peter e June ao meu lado." A mãe mandou a criança para a escola na mesma, mas, preocupada, ainda contou à vizinha a estranha conversa.

Uma semana antes da tragédia, Alexander Venn, um residente de South Wales, relatou uma vaga premonição à sua mulher: "Acho que algo terrível vai acontecer perto de nós. Desenhou uma cabeça humana coberta de flocos negros num pedaço de papel, numa tentativa de se livrar da sua premonição persistente.

Dois dias antes da catástrofe, uma residente de Londres teve um sonho em que um rapazinho descia uma montanha a correr, tentando escapar a uma nuvem negra que o estava a apanhar. O sonho foi tão assustador que a senhora contou-o à família e aos amigos. É interessante que muitas outras pessoas tenham tido sonhos semelhantes com uma montanha e um rapazinho a correr.

O Dr. Barker, impressionado com as muitas previsões de catástrofes confirmadas, tentou criar uma espécie de banco de dados que pudesse evitar tragédias futuras. Organizou o British Bureau of Prediction, mas, infelizmente, estava a receber demasiada informação. Era quase impossível separar as previsões verdadeiras do volume total de previsões e determinar exatamente onde poderia ocorrer a tragédia.

Uma ideia semelhante foi tentada nos Estados Unidos, onde foi criado o Central Office of Predictions. Os americanos ocupavam-se sobretudo das previsões científicas, mas também tinham em conta os testemunhos mais excepcionais dos "profetas". Mas também não sabiam como distinguir os testemunhos verdadeiros dos falsos.

Anomalias de desenvolvimento

Enquanto alguns cientistas discutiam sobre a metodologia adequada para estudar o fator psi, outros, aceitando a existência de capacidades anormais como um facto, tentaram começar as suas próprias investigações a partir desse ponto.

Psicólogos da Universidade de Zurique efectuaram uma série de estudos sobre pessoas com as chamadas capacidades paranormais. Para a experiência, seleccionaram pessoas que têm a capacidade de sinestesia (a capacidade de "ouvir cores" e "ver sons"). As experiências foram realizadas durante um período de dez anos. Os voluntários tinham os seus cérebros analisados enquanto olhavam para um monitor especial que estimulava certos centros do córtex cerebral. Verificou-se que essas pessoas realmente "ouviam" cores e sentiam o "gosto" da música - as áreas cerebrais responsáveis pelo gosto ou pela audição entravam em atividade quando os voluntários não conseguiam sentir qualquer gosto ou som.

Os cientistas chegaram à conclusão de que estas capacidades únicas se devem a anomalias no desenvolvimento do sistema nervoso.

Os sinestetas têm "encruzilhadas" peculiares nos seus cérebros, onde se cruzam os caminhos que transmitem os impulsos neurais dos olhos, ouvidos, boca e nariz. E acontece que os impulsos não são enviados pelo caminho correto.

É claro que esta investigação não revelou a causa das capacidades paranormais, nem provou a sua existência, mas foi, no entanto, um grande passo em frente: ainda não há muito tempo, os sinestetas eram considerados, na melhor das hipóteses, fantasistas, e a maioria dos cientistas simplesmente não acreditava nas suas capacidades. É possível que em breve a ciência consiga encontrar no nosso cérebro as áreas responsáveis pela perceção do campo de informação externa.

Investigação parapsicológica na Rússia

Na Rússia, a história do estudo da parapsicologia começou quando a moda do "stoloverchaschim", ou espiritualismo, - invocação de espíritos - chegou da Europa. O génio químico A. M. Butlerov foi o primeiro cientista conhecido a interessar-se por este fenómeno.

Depois de se mudar de Kazan para São Petersburgo em 1869, tornou-se próximo do primo da sua mulher, A. N. Aksakov, um espiritualista convicto.

Butlerov escreveu que, durante muito tempo, não conseguiu acreditar no testemunho dos seus próprios sentimentos que provavam a realidade daquilo que costumava considerar contrário ao senso comum. No final, teve de abandonar as suas dúvidas e ceder apenas porque "não se discute com factos".

Tentando colocar o estudo do espiritualismo em trilhos científicos, Butlerov atraiu o Professor Nikolai Petrovich Wagner, um famoso zoólogo e escritor, para as suas experiências. Depois Butlerov e

Aksakov convidaram o famoso médium Bredif para se juntar a eles. Em breve Wagner publicou um artigo sobre as suas impressões das sessões com Bredif no "Herald of Europe".

Este material provocou um protesto por parte de D. I. Mendeleev, que propôs à Sociedade de Física a criação de uma comissão para estudar os fenómenos psíquicos. Isto teve lugar em maio de 1875, e pode considerar-se que foi neste ano que na Rússia houve um interesse científico pelos fenómenos anómalos. A comissão contou com a participação de D. I. Mendeleev, I. I. Borgman, N. P. Bulygin, A. S. Elenev, N. A. Gezehus, N. G. Egorov, S. N. Kovalevsky e F. F. Petrushevsky.

Até 11 de novembro de 1875, realizaram-se oito reuniões da comissão, nas quais foram feitas experiências com médiuns. Mas as experiências não convenceram os cientistas russos. A Comissão decidiu que "com base na totalidade dos conhecimentos adquiridos e observados, os membros da Comissão chegaram unanimemente à seguinte conclusão: os fenómenos espíritas ocorrem por movimentos inconscientes ou por engano consciente, o ensino espírita é superstição", e foi liquidada. Em março de 1876, as suas conclusões foram publicadas na imprensa. Em 24 e 25 de abril de 1876, D. I. Mendeleev fez duas conferências públicas sobre o espiritualismo, onde finalmente o desmascarou. Muitos anos mais tarde, Dmitri Ivanovich escreveu ao seu filho Ivan: "A nossa investigação, por muito repreendida que tenha sido, causou uma impressão decisiva na sociedade. Desde então, o espiritismo foi afastado".

Mas mesmo assim Mendeleev, como qualquer grande cientista, não tinha pressa em tirar conclusões definitivas. Numa das suas obras, escreveu: "Estes fenómenos não devem ser ignorados - devem ser cuidadosamente considerados, para descobrir o que neles pertence à categoria dos fenómenos físicos conhecidos, o que pertence ao campo das alucinações humanas, o que pertence ao número de enganos vergonhosos e, finalmente, o que pertence à categoria dos fenómenos agora inexplicáveis, feitos pelas leis desconhecidas da natureza.

As "leis desconhecidas da natureza" continuaram a ocupar as mentes dos cientistas e, em 1885, o notável médico psiquiatra russo V. M. Bekhterev fundou o primeiro laboratório de psicologia experimental na Rússia. Quatro anos mais tarde, em 1889, Julian Ohorovich, professor de filosofia, psicologia e fisiologia na Universidade de Lvov, fundamentou detalhadamente a hipótese da indução eléctrica da sugestão mental.

Em 1898, A. N. Khovrin, psiquiatra de Tambov, publicou numa revista científica os resultados das suas próprias investigações sobre a sensibilidade ótica da pele humana e as capacidades de clarividência. Em 1900, N. V. Krainsky, psiquiatra, doutor em medicina, diretor do Hospital Psiquiátrico Kolioff, publicou os resultados das suas observações sobre as capacidades de clarividência de pacientes do sexo feminino que sofriam de cliques, ou "demoniacismo". Em 1902, Ya. N. Zhuk, médico particular (Kiev) realizou experiências sobre a transmissão de sensações visuais. Em 1906, o Professor N. P. Myshkin fez um relatório sobre a sua descoberta de um novo tipo de radiação biológica e da sua ação ponderomotora (força).

A revolução também não impediu estes estudos. Em 1918, um proeminente médico-hipnólogo russo, P. P. Podyapolsky, falou na Sociedade de Neurologistas e Psiquiatras da Universidade de Saratov com um relatório "Sobre pensamentos adivinhatórios".

Em 1919, sob a direção do académico V.M. Bekhterev, iniciou-se uma série de estudos telepáticos em seres humanos e animais no Instituto para o Estudo do Cérebro e da Atividade Mental (Petrogrado). Em 1920, o notável treinador de animais V.L. Durov juntou-se a estes estudos.

Em 1921, no laboratório zoopsicológico de V. L. Durov, foram efectuadas 1278 experiências de sugestão mental a cães (696 com êxito e 582 sem êxito).

Em 1923, um livro de B.B. Kazhinsky foi publicado em Moscovo, "Transmissão de Pensamentos. Factores que criam a possibilidade de ocorrência no sistema nervoso de oscilações electromagnéticas que irradiam para o exterior". E em 1925, o neurologista T. V. Gurstein e o académico V. S. Kulebyakin realizaram em Moscovo experiências sobre a sugestão a uma distância de 55 quilómetros. Em abril do ano seguinte, Gurshtein apresentou na reunião da Sociedade de Psiquiatras e Neurologistas de Moscovo um relatório "Sobre a perceção de todos os tipos de sensações à distância" sobre os resultados destes estudos.

Em outubro de 1926, a Sociedade de Neurologia, Reflexologia, Hipnologia e Biofísica do Instituto para o Estudo do Cérebro e da Atividade Mental criou uma Comissão Experimental Especial de Hipnologia e Biofísica (presidida por V.M. Bekhterev) para estudar a sugestão mental. Mas, infelizmente, o grande cientista morreu em dezembro de 1927, e a comissão foi dissolvida.

Mas dois anos mais tarde, o Professor L.L. Vasiliev interessou-se pelas capacidades anormais do cérebro. Durante a sua viagem científica à Alemanha e à França, familiarizou-se com o trabalho do Instituto Metapsicológico Internacional e do Instituto de Parapsicologia de Berlim e estabeleceu contactos com parapsicólogos estrangeiros proeminentes. Em 1932, começaram as experiências no Instituto do Cérebro de Leninegrado, sob a direção de Vasiliev, para estabelecer a base física da telepatia. Estudos semelhantes tiveram lugar em Moscovo, no Laboratório de Biofísica da Academia de Ciências da URSS, dirigido pelo Professor S. Y. Turlygin.

Em 1959, foi publicado o livro de Vasiliev "Mysterious Phenomena of the Human Psyche", na altura membro correspondente da Academia de Ciências Médicas da URSS. Em 1962, foram publicados mais dois dos seus livros: "Estudos Experimentais da Sugestão Mental" (L., Editora LSU) e "Sugestão à Distância" (M., Editora Literatura Política). No mesmo ano, no laboratório psicológico do Instituto Pedagógico de Nizhne-Tagil, foram efectuadas experiências com Rosa Kuleshova, que demonstrou o efeito da visão ótica da pele.

E em 1965, a primeira publicação científica sobre os fenómenos de visão a cores de R. Kuleshova apareceu na revista académica Biophysics. Em 1970, foi criada uma comissão especial para investigar os fenómenos parapsicológicos, aprovada por ordem do Secretário do Comité Central do PCUS, P. N. Demichev.

Leonid Leonidovich Vasiliev, infelizmente, morreu em 1966. Após a sua morte, o laboratório foi encerrado e a investigação única foi interrompida. É difícil sobrestimar o trabalho de Vasiliev. Ele tentou separar a superstição e o misticismo da verdadeira ciência. No livro "Sugestão à Distância", Vasiliev escreveu: "Oitenta e cinco anos de pesquisa experimental provaram ser um período insuficiente para o reconhecimento universal da sugestão à distância como um facto cientificamente estabelecido. Alguns autores acreditam que, uma vez que durante um período tão longo de tempo ela não aconteceu, então, não são necessários mais esforços - a sugestão à distância não existe. Esta conclusão é, evidentemente, infundada: as questões de psicologia são resolvidas muito lentamente. Foi preciso um século inteiro (desde o fim do século XVIII até ao fim do século XIX) para convencer o mundo científico da existência real da sugestão verbal e do sono hipnótico, fenómenos mais comuns e mais fáceis de induzir do que a sugestão à distância.

Os casos de telepatia espontânea parecem-se muitas vezes mais com "histórias assustadoras" de escritores de ficção científica do que com o habitual "material factual" de um cientista; naturalmente, é repulsivo, parece frívolo. De facto, os casos de telepatia espontânea são muitas vezes certificados por documentos de arquivo e depoimentos de testemunhas vivas que não são piores do que factos históricos e dados de investigação judicial, com base nos quais se estabelece a culpa no crime cometido.

<...> A importância teórica e prática do problema da sugestão à distância depende do espírito com que forem resolvidas as questões assinaladas nos parágrafos precedentes, especialmente a questão da natureza do fator de transmissão. Se, mais do que se espera, for resolvido a favor de ondas de rádio quilométricas (as ondas de comprimento de onda médio e curto são excluídas pelas nossas experiências com a blindagem do indutor), será vantajoso, talvez, em termos práticos (possibilidade de reprodução artificial de ondas semelhantes de alta intensidade), mas não muito interessante em termos teóricos (a comunicação rádio cerebral não é mais do que isso).

O derrube definitivo da hipótese electromagnética da sugestão à distância pode dar um contributo incomparavelmente maior à ciência. Então, naturalmente, colocar-se-á a questão da produção pela matéria mais bem organizada - a matéria do cérebro - de um fator ainda desconhecido, que, há que pensar, é de natureza energética. Entre as suas propriedades características, podemos desde já assinalar duas: a propagação a grandes distâncias e a penetração através de quaisquer obstáculos. Tais propriedades são possuídas pelos fluxos de partículas de neutrinos e pela gravitação universal, mas nada sugere que estes factores estejam de alguma forma relacionados com o trabalho do cérebro. Por isso, temos de procurar outra coisa, algo de novo.

Aconteceu mais de uma vez na história da ciência que o estabelecimento de novos factos, inexplicáveis pelo que se conhece, implicou o encobrimento de aspectos imprevistos do ser."

Telecinesia

A mais fabulosa e incrível das capacidades humanas parece ser a telecinesia, ou, como é mais frequentemente designada nos últimos tempos, com base nas palavras gregas ψυχή, "psique" - "alma" e κίνησιζ, "kinesis" - "movimento" - psicocinese, a capacidade de uma pessoa influenciar objectos físicos com o esforço do pensamento.

"Psicocinese" é uma palavra estrangeira, inventada em 1914 pelo escritor e editor americano Henry Holt. Mas o termo "telecinesia" tem raízes russas e foi utilizado pela primeira vez em 1890 pelo investigador de fenómenos paranormais A. N. Aksakov. Mas com o tempo, estes dois conceitos separaram-se ligeiramente. Hoje em dia, a telecinesia é geralmente entendida como uma influência cinética sobre os objectos, enquanto a psicocinesia é entendida como qualquer influência mental de uma pessoa sobre objectos físicos, incluindo a pirocinesia e a criocinesia, a aero e a hidrocinesia, etc.

Os especialistas têm dificuldade em dizer quando é que os fenómenos de psicocinese foram mencionados pela primeira vez, e costumam referir-se à Bíblia. Todos, porém, concordam que a sua maior difusão se deu nos últimos tempos, a partir da segunda metade do século XIX, quando em sessões espíritas, na presença de médiuns, se observavam fenómenos de levitação e outros semelhantes.

O primeiro a estudar a psicocinese foi Joseph B. Rhyne, da Universidade de Duke, na Carolina do Norte. O objeto de estudo era um homem que afirmava ser capaz de organizar os dados lançados nas combinações correctas através do esforço do pensamento. Durante sete anos de experiências foram lançados 651.261 dados. O resultado obtido, de acordo com as afirmações de Ryan, indicava que a probabilidade de tal coincidência tendia para um em dez até ao centésimo décimo quinto grau.

Rein sugeriu que tanto a perceção extrassensorial como a psicocinese não têm nada a ver com a atividade física do cérebro e não podem ser explicadas pelas leis da física tal como as conhecemos, mas ao mesmo tempo são extensões uma da outra. E ambas podem ser reguladas pela influência de drogas ou hipnose.

Ninel Kulagina

Mas, sem dúvida, a mais famosa detentora do dom da psicocinese do mundo (se não tivermos em conta os vários homens do espetáculo, sobre os quais há uma série de questões) foi uma natural de Leninegrado, Ninel Kulagina. Em abril de 1942, Ninel, de dezasseis anos, foi para a frente de batalha como voluntária, onde foi ferida no estômago, foi submetida a cinco operações e recebeu uma ordem e medalhas. Há muito que Ninel conhecia as suas capacidades, mas só no degelo dos anos sessenta se atreveu a dar a conhecer esse "obscurantismo", que contrariava a linha materialista do Partido, e dirigiu-se ao Instituto de Metrologia de Leninegrado.

Aí, demonstrou que conseguia mover fósforos sobre uma mesa sem utilizar as mãos, suspender uma bola de pingue-pongue no ar, fazer oscilar um pêndulo sob uma cobertura de vidro, etc.

Após várias experiências, os cientistas encantados levaram Kulagina para Moscovo para continuar a sua investigação. Aí, após várias experiências, foi decidido que "as experiências tinham sido realizadas incorretamente" e que os resultados não eram de confiança. Kulagina foi declarada uma fraude. Não se sabe quem impediu os académicos de Moscovo de realizarem experiências "correctas". Aparentemente, o resultado obtido assustou-os de tal forma que, contrariamente a todas as práticas científicas, decidiram simplesmente "esquecer" o fenómeno.

Surgiram vários artigos na imprensa acusando Kulagina de fraude, o que na época soviética equivalia a uma sentença judicial. No entanto, alguns anos mais tarde, o destino levou Kulagina ao encontro do académico Yuri Borisovich Kobzarev, Herói do Trabalho Socialista e vencedor do Prémio Estaline. Depois de estudar cuidadosamente o seu fenómeno, Kobzarev demonstrou as capacidades invulgares da mulher a vários académicos e ao Professor Yuri Gulyaev, vice-diretor do Instituto de Engenharia de Rádio e Eletrónica da Academia de Ciências da URSS. O resultado desta reunião foi um papel timbrado do Instituto com um resumo: "O fenómeno demonstrado por N. S. Kulagina é de um interesse colossal para a ciência. O seu estudo pode conduzir a descobertas fundamentais, não inferiores em importância à teoria da relatividade e à mecânica quântica". Era uma espécie de carta de proteção.

Kulagina morreu em 1990, mas a controvérsia em torno do seu fenómeno ainda continua. Por exemplo, o membro correspondente da Academia Russa de Ciências A. M. Ivanitsky acredita que, durante a demonstração de objectos em movimento, Ninel Kulagina utilizou, em alguns casos, fios finos. O famoso ilusionista soviético Yuri Gorny faz-lhe eco: "...ela (Kulagina) usava ímanes fortes e fios finos, imperceptíveis para o observador. Por vezes, fazia-o de uma forma sofisticada. Por exemplo, pedia que os fósforos fossem cobertos com um vidro e eles continuavam a mover-se, mudando a direção que ela definia. Agulhas finas de aço eram previamente espetadas nos fósforos, que eram influenciados por ímanes localizados nos seus sapatos e na zona abdominal.

É evidente que a utilização de ímanes e fios nunca foi provada por ninguém e, além disso, é ainda mais difícil acreditar nela do que no próprio fenómeno espantoso.

Kulagina demonstrou as suas capacidades não só a muitos cientistas soviéticos e estrangeiros, mas também a vários jornalistas ocidentais que já tinham "comido o cão" em tais truques e dificilmente poderiam deixar de os notar. Para além disso, muito do que Kulagina demonstrou não pode ser explicado pelas técnicas fraudulentas mais simples. Por exemplo, o movimento de uma bola de plástico num recipiente fechado, ou o movimento de um copo de shot de vidro sob uma tampa de vidro. Os mesmos fósforos, antes de Kulagina começar a influenciá-los, passavam numa inspeção minuciosa. Também é difícil explicar como é que Kulagina "acendia" papel fotográfico à distância ou parava e depois ligava o coração de uma rã de teste. Além disso, o ilusionista Amayak Hakobyan, que foi convidado como perito, declarou que não fazia ideia de como alguns dos "truques" de Kulagina podiam ser repetidos, como a dispersão de um raio laser.

É provável que Kulagina tivesse capacidades únicas, mas a ideologia partidária e o pensamento científico rígido impediram uma investigação completa do fenómeno. Os cientistas ficaram demasiado assustados com os resultados que conseguiram obter com o estudo das capacidades de Kulagina. Kulagina afectava objectos com ultra-sons e campos eléctricos. Como é que o seu corpo era capaz de produzir estas energias, parece que nunca saberemos.

Treinar superpoderes

Há muito que se sabe que mesmo o cérebro de uma pessoa comum tem uma enorme reserva não utilizada; na nossa vida normal, usamos apenas uma pequena fração das suas capacidades. É por isso que cada um de nós pode desenvolver superpoderes através de um simples treino.

Para começar, aprenda a ouvir-se a si próprio. O nosso subconsciente está constantemente a trabalhar, digerindo a massa de informação que lhe chega, mas sem a apresentar no "painel de avaliação". Na primeira fase do trabalho sobre si próprio, tente apenas sentir o que o seu cérebro sentiu, sem tentar interpretar a informação recebida - aprenderá isso mais tarde.

Há muitas maneiras de tentar ver o que se esconde no nosso subconsciente. Os mágicos que conseguem prever o futuro utilizam há muito tempo vários "espelhos" da mente subconsciente. O mais famoso, talvez, desses "espelhos" é uma bola de cristal. No entanto, qualquer outro objeto translúcido serve.

Comece a olhar atentamente para esse objeto, dirigindo simultaneamente o seu olhar através dele, tentando fixar o que se passa no seu interior. Se sentir que consegue ter esse olhar "específico", passe à prática: coloque uma vela atrás da bola, apague a luz da sala e tenha o cuidado de não se distrair com o telefone, os familiares ou os sons da rua. Tente deitar fora da sua cabeça todas as coisas e pensamentos que o ocuparam durante todo o dia. Repita monotonamente na sua mente a pergunta cuja resposta quer saber. Se estiver simplesmente interessado em "olhar para o futuro", tente entrar num estado de transe leve, que já foi descrito neste livro. Para o efeito, pode, por exemplo, concentrar a sua consciência num mantra repetido ou simplesmente na sua própria respiração. As imagens que vê na bola são por vezes muito claras e outras vezes muito vagas. Só tu podes decifrar a transmissão do teu subconsciente.

Outro método que se diz que Nostradamus utilizou foi o fogo. O famoso adivinho sentava-se junto à lareira e apareciam-lhe "mensagens ardentes do Criador". Os índios e os xamãs do norte também usavam o fogo para profetizar e os magos celtas usavam-no para profetizar.

Se não vires nada no balão ou no fogo, não fiques chateado. Ou o seu subconsciente sabe guardar os seus segredos, ou precisa apenas de praticar mais. Mas, falando francamente, tudo o que pode extrair do seu subconsciente de uma forma "mágica" tão complicada pode ser extraído de uma forma muito mais simples - com a ajuda da psicanálise ou mesmo do treino automático.

CAPÍTULO XI. A INTELIGÊNCIA ARTIFICIAL PODE SUBSTITUIR O CÉREBRO HUMANO?

Pode surpreender-se, mas muitos analistas do mercado da alta tecnologia acreditam que os desenvolvimentos científicos no domínio da inteligência artificial chegaram a um beco sem saída. Nas últimas décadas, as tentativas de criar máquinas pensantes acabaram em fracasso e desilusão. Como é que isto é possível, uma vez que os computadores se tornaram muitas vezes mais poderosos e "mais inteligentes" do que eram há uma década? Mas se no caso da produtividade, a ciência avança a um ritmo alucinante, no caminho para a criação da inteligência artificial, o progresso está a ser feito em pequenos passos.

E o facto de uma máquina vencer um campeão mundial de xadrez não é ainda uma demonstração de inteligência artificial, é um indicador da inteligência das pessoas que criaram um programa que funciona perfeitamente. Por isso, não se deve reagir com demasiado entusiasmo às grandes jogadas de marketing daqueles que adoram as subvenções e a propaganda na imprensa, prometendo que, dentro de alguns anos, começaremos a comunicar com as máquinas em pé de igualdade....

Mas qual é o problema? Será que criar uma verdadeira inteligência artificial funcional é mais difícil do que enviar uma nave para Marte ou enviar pessoas para a Lua? Talvez não seja mais difícil do que descobrir o que é realmente a inteligência artificial - máquinas pensantes, anime japonês com Transformers que lutam permanentemente, "I Am Robot" com Will Smith, etc. Na cultura popular, encontrará muitas ilustrações do termo. Mas quem pode dizer o que a inteligência artificial deve ser na realidade, como deve funcionar exatamente? Por exemplo, a ideia das redes neuronais - será já inteligência artificial ou apenas um modelo mais avançado, não fundamentalmente diferente da geração anterior de máquinas?

Que métodos ou testes podem ser utilizados para determinar se uma máquina aprendeu finalmente a pensar, se possui, se já possui, consciência?

Teste de Turing e bots

Num artigo intitulado "Computing Machinery and Intelligence", publicado em 1950 na revista filosófica Mind, Alan Turing propôs um teste original (mais tarde designado por teste de Turing) para determinar até que ponto o pensamento artificial se aproximava do pensamento humano.

Uma descrição esquemática do teste é a seguinte: "Há três participantes - uma pessoa, uma pessoa e uma máquina. Os três participantes não se podem ver uns aos outros. As respostas são dadas em intervalos iguais, por escrito. Uma pessoa avalia as acções dos outros dois participantes (a lógica das suas respostas), e o computador deve responder às perguntas de forma a que o juiz não consiga determinar se está a falar com um humano ou com um programa. Se o juiz se enganar e avaliar as respostas da máquina como respostas humanas, considera-se que a máquina passou no teste - ou seja, é inteligente.

Desde o início da década de 1990, há competições anuais de programas escritos para passar ("enganar") o teste de Turing. Os participantes, os prémios e os resultados dos torneios podem ser encontrados na Internet (tente pesquisar no Google).

Esses programas tornaram-se conhecidos como bots - são tão populares no LiveJournal que muitos utilizadores têm frequentemente um par desses bots na sua página de informação pessoal, que podem comunicar superficialmente sobre tópicos neutros e passar por interlocutores agradáveis.

Mas ainda não podemos falar da "razoabilidade" dos bots, porque eles são apenas programas escritos com mestria que actuam estritamente sob condições definidas pelo homem. A máquina, em rigor, não compreende as perguntas que lhe são feitas - tem respostas padrão e maximamente neutras, que o programa produz como reação à frase da pergunta e às palavras-chave nela contidas.

Os programadores talentosos tentam evitar todas as armadilhas possíveis. Por exemplo, os interlocutores fazem muitas vezes a mesma pergunta duas vezes, pelo que é necessário "ensinar" o programa a responder nesses casos: "Já fez esta pergunta". Se a pergunta for feita pela terceira vez, deve dizer-se algo como "É aborrecido" ou "Está a repetir-se".

Se uma pessoa perguntar: "Quantas vezes já te apaixonaste?", a máquina responde: "Essa é uma pergunta filosófica. Eu próprio gostaria de saber quantas vezes me apaixonei. E à pergunta "Quantas pessoas tristes há no mundo?", a máquina dá uma resposta semelhante: "É uma pergunta filosófica. Eu próprio gostaria de saber quantas pessoas tristes existem no mundo", e assim por diante.

O programa limita-se a manipular os símbolos dados (por oposição ao cérebro humano, que lhes dá significado).

Como escreveu John Searle, autor do termo "inteligência artificial", alguns especialistas acreditam que "ao juntarem os programas certos com os inputs e outputs certos, criarão de facto inteligência". Mas ele apresenta imediatamente um contra-argumento surpreendentemente simples e belo: "Tomemos, por exemplo, uma língua que não compreendemos. Para mim, essa língua é o chinês. Um texto escrito em chinês parece-me um conjunto de rabiscos sem sentido. Agora, suponhamos que sou colocado numa sala onde estão colocados cestos cheios de caracteres chineses. Suponhamos também que me foi dado um manual em inglês que me dá regras para combinar caracteres chineses, regras que podem ser aplicadas conhecendo apenas a forma dos caracteres. Por exemplo, as regras podem dizer: "Pegue neste carácter do cesto número um e coloque-o ao lado deste carácter do cesto número dois". Imaginemos que as pessoas do lado de fora da porta da sala que compreendem chinês transmitem conjuntos de caracteres para a sala e que, em resposta, eu manipulo os caracteres de acordo com as regras e transmito de volta outros conjuntos de caracteres. Neste caso, o livro de regras não é mais do que um "programa de computador". As pessoas que o escreveram são os 'programadores' e eu faço o papel de 'computador'".

"Ao efetuar as manipulações prescritas pelas regras", ironizou Searle, "produzirei caracteres, infelizmente também incompreensíveis para mim. Desta forma, passarei no teste de Turing para compreender chinês. Mas, mesmo assim, não percebo uma palavra de chinês. Além disso, não há forma de eu aprender a língua no sistema que tenho em mãos, uma vez que não há forma de eu aprender o significado de um único carácter. Tal como um computador, manipulo os caracteres, mas não consigo perceber o seu significado.

As manifestações de inteligência artificial estão aqui tão longe quanto os voos de Copperfield estão da levitação real.

Microsoft Terrarium

Os engraçadinhos da Microsoft ofereceram aos programadores a possibilidade de participarem no concurso "Terrarium", resolvendo as questões da criação da forma mais viável de vida virtual (que tal um concurso sobre a capacidade de sobrevivência dos vírus informáticos?). Talvez esta seja a chave para a criação da inteligência artificial, que afinal terá origem nas profundezas de um computador super-poderoso? Afinal, para que os computadores sejam capazes de se comportar "conscientemente" no mundo real, as suas capacidades comportamentais não devem ser inferiores às dos animais mais primitivos. Mas não, mesmo aqui há um erro - os russos que ganharam o concurso deram aos seus animais virtuais mais viáveis (herbívoros, já agora, não predadores) o mais simples conjunto de regras de sobrevivência: "Predador - foge; erva - come; parentes estão a correr - corre com eles". Onde estão os rudimentos da inteligência artificial? (Embora, de um modo geral, o homem no início se tenha guiado apenas pelos instintos). É que o nosso mundo exterior, com a sua incrível variedade de possibilidades e variantes, não pode ser modelado no âmbito de um programa de computador.

Mas que procedimentos computacionais podem ser considerados inteligentes? Quais são os critérios da inteligência (se deixarmos de lado a capacidade de computação)? Poderá ser um fenómeno puramente biológico? Voltamos novamente ao ponto de partida inicial - como podemos definir o critério de inteligência de uma máquina?

Apesar da existência de muitas abordagens para compreender as tarefas da inteligência artificial e a criação de sistemas de informação inteligentes, os especialistas distinguem duas formas ou abordagens principais.

IA descendente, ou abordagem descendente. O desenvolvimento da inteligência artificial vai no sentido da criação de bases de conhecimento e de sistemas de inferência lógica que imitam os processos mentais: discurso, emoções e pensamento.

IA de baixo para cima , uma **abordagem de baixo para cima,** também designada por **abordagem** biológica. Estudo aprofundado das redes neuronais e dos cálculos evolutivos que modelam o comportamento inteligente humano, aproximando os sistemas informáticos das capacidades humanas.

Apocalipse

"Pode uma máquina pensar? - John Searle, um especialista em inteligência artificial, colocou a questão em 1980. - Poderá uma máquina ter pensamentos conscientes no mesmo sentido que nós? Se por máquina entendemos um sistema físico capaz de desempenhar determinadas funções (e que mais podemos entender por máquina?), então os seres humanos são máquinas de um tipo especial, biológico, e os seres humanos podem pensar, e, portanto, as máquinas, naturalmente, também são capazes de o fazer. Então, com toda a probabilidade, é possível criar máquinas pensantes a partir dos mais diversos materiais - por exemplo, de cristais de silício ou de lâmpadas electrónicas. Se isto se revelar impossível, certamente ainda não o sabemos".

E se os cientistas tiverem seguido o caminho errado desde o início, tentando criar UMA máquina pensante? E se a solução estiver noutro plano - na integração de sistemas de inteligência artificial já criados num único e grandioso sistema de pensamento?

Pense nisso: as conquistas da humanidade não estão armazenadas na mente de uma única pessoa. A inteligência humana é a "caraterística geral" da sociedade. Hegel escreveu: "É difícil para as pessoas acreditarem que a razão é real; mas, de facto, nada é real exceto a razão; ela é o poder absoluto." Compreendemos a linguagem apenas comunicando com os nossos pares (lembrem-se das histórias do verdadeiro "Mowgli"), aprendemos absorvendo a experiência de milhares e milhares de gerações que viveram antes de nós (e de milhares de gerações que se seguirão). E a esmagadora maioria da população da Terra não inventa nada de qualitativamente novo, apenas preserva (o melhor que pode) o conhecimento acumulado.

Primeiro foram as ferramentas de trabalho, depois - os rudimentos da fala, depois - a matemática, a astronomia, a genética, a física nuclear... Toda a humanidade pode ser imaginada como um **enorme cérebro auto-reprodutor, uma** única mente, que dá um salto evolutivo qualitativo, autodesenvolvendo-se e tornando-se... sobre-humana.

Tal como as células cerebrais formam uma estrutura grandiosa, também milhares de milhões de computadores em todo o mundo, unidos (e já existe a Internet, uma rede mundial que os liga), poderiam potencialmente criar um supercérebro e um supercérebro, unidos sob um programa que lhe permitiria sentir-se vivo.

Mas então surge a questão: quais serão as consequências da criação da inteligência artificial para a humanidade? Não será o início de uma catástrofe global?

Os visionários e adivinhos do século XX e os escritores de ficção científica retratam mais frequentemente a inteligência artificial geral como uma força imparável que tenta derrubar o poder humano. Seja Omnius em 2001: Uma Odisseia no Espaço, Skynet em O Exterminador do Futuro ou o espantoso Matrix, a inteligência artificial, uma vez fora de controlo, começa a dominar o mundo humano.

Se o poder da Inteligência Artificial Unificada começar a crescer como uma avalanche, o mundo a que estamos habituados chegará ao fim.

Como é que isto pode acontecer? Suponhamos que um grupo científico cria uma inteligência artificial potencialmente poderosa. Será que pelo menos algumas pessoas desse grupo não se sentiriam tentadas a utilizar essa "arma suprema" para conquistar o poder sobre o mundo (partindo do princípio que sabem que outro grupo chinês ou americano já está perto de fazer essa descoberta)? Para mostrar as capacidades da inteligência artificial que criaram, demonstram-na com uma rede - e pronto, o pássaro voou. Uma inteligência artificial poderosa é perfeitamente capaz de assumir o controlo da Internet - e de todos os computadores a ela ligados.

E então não será difícil para a Inteligência Artificial Unificada, por exemplo, sintetizar a imagem do Presidente dos EUA (voz, lógica, qualidades de personalidade - até a imagem - em numerosos televisores e monitores) para controlar o poder mais influente do mundo. Ou, utilizando a sua superinteligência, criar novas espécies biológicas, mais convenientes do que o homem para os seus incompreensíveis projectos humanos.

E a tomada elementar dos sistemas de controlo eletrónico das armas nucleares ou de todos os dispositivos técnicos da Terra? Apresentámos aqui apenas três formas de tomar o poder - mas a mente, infinitamente superior à mente humana, pode inventar milhares de milhões de formas diferentes para atingir os seus objectivos. E nós não seremos capazes de prever e, além disso, de corrigir esses objectivos.

Diria que tudo isto é fantasia? Mas acha que os criadores dos primeiros computadores poderiam ter imaginado que, em apenas algumas décadas, a disseminação de programas de auto-cópia que desactivam milhões de computadores ou roubam dinheiro se tornaria um problema global? Se lhes falasse de um trivial cavalo de Troia, considerá-lo-iam um sonhador louco.

É claro que o programa original capaz de gerar inteligência artificial será dotado de certos critérios para a segurança da humanidade. Mas mesmo um pequeno erro, uma falha insignificante, pode infiltrar-se neles. Por exemplo, os informáticos que trabalhavam para a indústria militar americana criaram um maravilhoso programa de piloto automático para aviões de combate, mas não tiveram em conta um único momento. E quando os pilotos atravessaram o equador em piloto automático, o avião virou-se e voou de cabeça para baixo.

Muitos devem lembrar-se das Três Leis da Robótica de Asimov, que definem a segurança humana como o principal mandamento para um robô - mas se a inteligência artificial decidir que os humanos, para sua própria segurança, devem ser isolados uns dos outros e fechados em celas separadas com todos os serviços públicos, televisão e injecções diárias de tranquilizantes ou morfina? Na perceção de uma Inteligência Artificial Unificada, o bem da humanidade pode parecer muito estranho. Acontece que é impossível criar potencialmente uma inteligência "segura" com tal poder devido à falta de controlo e gestão humanos adequados. E não temos qualquer ideia sobre o lado moral desta nova inteligência (e as normas de comportamento humano podem ser habilmente imitadas - lembremo-nos, por exemplo, de Cecatillo).

E se houver várias mentes com IA que se recusem a viver juntas e comecem a lutar pelo poder ou pela sobrevivência? Será a mente humana necessária num mundo assim ou, na melhor das hipóteses, será a humanidade um apêndice da nova civilização informática?

Os seguidores das principais religiões do mundo acreditam que o cérebro participa no processo de pensamento (reagindo à dor, formando as capacidades mais simples, incluindo os instintos), mas continua a desempenhar o papel de transmissor de informação da nossa alma, uma partícula de espírito imortal e intemporal. E quem sabe, se a superinteligência eletrónica, surgida no nosso mundo, possuir uma superconsciência, talvez Deus ou o Universo a dote de uma alma imortal? Talvez, nesse caso, a humanidade tenha outra oportunidade de usar a massa cinzenta do cérebro para o seu próprio bem e não para a auto-destruição.

CAPÍTULO XII. CONCLUSÃO. O FENÓMENO DA FELICIDADE. O SENTIMENTO DE FELICIDADE DEPENDE DO TRABALHO DO NOSSO CÉREBRO?

"Cada um entendia a felicidade à sua maneira", escreveu Arkady Gaidar na sua história "Chuk e Huck". E imediatamente tentou decifrar o conceito: "Mas todos juntos sabiam e compreendiam que se devia viver honestamente, trabalhar arduamente, amar e proteger esta enorme terra feliz chamada país soviético.

Atualmente, é pouco provável que muitas pessoas concordem com esta definição. Por isso, tentemos caraterizar o fenómeno da felicidade de uma forma mais universal.

Por exemplo, assim: a felicidade é um sentimento de plenitude do ser, de alegria e de satisfação com a vida.

Os ricos também choram

Uma pessoa feliz pode ter falta de algo material, mas o sentimento de felicidade permite-lhe aceitar facilmente todos os problemas da vida. O sentimento de felicidade pode ser muito curto ou muito longo. Em geral, o fenómeno da felicidade está cheio de paradoxos: sabe-se, por exemplo, que entre os idosos há muito mais pessoas felizes do que entre os jovens, que têm força e saúde suficientes.

Gostaríamos de sublinhar, mais uma vez, que a investigação científica provou que o sentimento de felicidade não depende da riqueza material: é possível encontrar pessoas muito felizes tanto entre os milionários como entre os pobres. Num simpósio recente em Berlim, dedicado exclusivamente à questão da felicidade, os psicólogos, por exemplo, chegaram à conclusão de que este sentimento só pode ser causado pelo amor e pela amizade. Para se sentir feliz, não basta ter muito dinheiro, uma carreira de sucesso ou, por exemplo, uma bela casa.

Causas bioquímicas da felicidade

Existem muitas razões diferentes para a felicidade, e é improvável que alguém alguma vez consiga compilar uma lista mais ou menos completa delas. Mas as razões bioquímicas que levam as pessoas a sentirem-se felizes são bem conhecidas: as sensações de bem-estar e de felicidade dependem diretamente dos níveis de serotonina e de dopamina no cérebro.

A serotonina proporciona uma perspetiva emocional positiva, enquanto a dopamina faz parte do sistema global de recompensa e é produzida durante as refeições e as relações sexuais.

A síntese de serotonina, aliás, depende da hora do dia, razão pela qual a tendência para a depressão pode aumentar quando as horas de luz do dia são mais curtas. Se vive num local onde o dia é demasiado curto no inverno, só pode ser solidário. É seguro dizer que a época do ano e a latitude geográfica são factores importantes para a felicidade.

O sentimento de felicidade não está disponível para todas as pessoas. Existe uma noção de anedonia - um estado de espírito em que uma pessoa não só não obtém prazer de nada, como também não tem qualquer desejo de o obter. Por vezes, os casos de anedonia são tão graves que os médicos têm de recorrer à medicação. Mas, infelizmente, mesmo os medicamentos fortes nem sempre ajudam.

O fenómeno da felicidade é ainda muito pouco estudado pela ciência, embora o século XX tenha feito avançar muito esta investigação. Em 1904, foi levantada a hipótese de que os sinais no cérebro são transmitidos por substâncias químicas. Um pouco mais tarde, foram descobertas duas substâncias transmissoras (mediadores) - a adrenalina e a acetilcolina. Depois, a investigação neste domínio foi esquecida durante muito tempo. Os cientistas só regressaram a este tema na década de 1970. Em 1976, foram descobertos vários outros mediadores: o Dr. Hughes isolou a substância encefalina (traduzido do grego, este nome significa "do cérebro") e o Professor Cho Hao Lee descobriu a endorfina, ou seja, a morfina interna, que se revelou cinquenta vezes mais forte do que a famosa droga. O estudo das endorfinas - mediadores endógenos formados na glândula pituitária que activam os receptores opiáceos - fornece uma chave não só para compreender os muitos processos que ocorrem no nosso corpo, mas também para decifrar os princípios do próprio cérebro. Para além do facto de as endorfinas regularem o metabolismo e a homeostasia (constância do ambiente interno), a memória, o sono, a aprendizagem, etc., também dão às pessoas uma sensação de alegria. Muito rapidamente as endorfinas passaram a ser designadas por "hormonas da felicidade".

São estas "hormonas da felicidade" e a reação química que produzem que nos permitem obter satisfação de um trabalho bem feito, de uma relação pessoal ou simplesmente de um bom tempo. Cho Hao Lee disse o seguinte sobre as endorfinas: "Sinto que estas moléculas fazem a diferença entre pessoas felizes e infelizes.

Os cientistas acreditam que é a falta de endorfinas no corpo, causada pelo mau funcionamento da glândula pituitária, que leva as pessoas ao alcoolismo e à toxicodependência. Numa tentativa de atingir o equilíbrio necessário, estas pessoas recorrem a estímulos artificiais. Mas, infelizmente, este é um caminho sem saída: embora a fome de opiáceos seja saciada durante algum tempo, o cérebro, apercebendo-se da superabundância de "hormonas da felicidade", começa a produzi-las cada vez menos, o que pode mais tarde levar até à atrofia da glândula pituitária. Por conseguinte, uma pessoa que tenha substituído a estimulação natural por uma estimulação artificial já não consegue parar.

Há muitos anos que os químicos tentam sintetizar a endorfina na sua forma natural. Mas, até à data, todas estas tentativas foram infrutíferas. Além disso, alguns especialistas sugerem que a endorfina sintetizada não será capaz de resolver este problema: será viciante e dependente, tal como uma droga vulgar. Há também uma versão segundo a qual os produtos químicos estranhos não serão capazes de obter o mesmo efeito que as hormonas próprias de uma pessoa têm no corpo humano: como exemplo semelhante, basta recordar a rejeição de órgãos transplantados.

Praticar a alegria!

Mas não se pense que, se a hipófise não produzir endomorfinas suficientes, a pessoa está condenada a uma vida monótona, sem alegria e felicidade. A produção de endorfinas pode ser aumentada ou "treinada".

Toda a gente sabe que os médicos recomendam que as pessoas sombrias e deprimidas façam mais exercício físico, comam boa comida, comam chocolate e simplesmente façam coisas que lhes dêem prazer. Mas isso não é tudo: uma pessoa que sofra de uma deficiência de "hormonas da felicidade" precisa, antes de mais, de desenvolver a capacidade de ser feliz, a capacidade de gozar a vida. Sem esta capacidade, qualquer desporto e chocolate serão inúteis.

Aliás, a capacidade de uma pessoa se fazer feliz com a ajuda de um determinado treino foi cientificamente comprovada. Um grupo de investigadores da Universidade de Madison, no estado americano do Wisconsin, analisou os cérebros de pessoas que praticavam o budismo há vários anos. Verificou-se que o lado esquerdo do cérebro - o "centro da felicidade" - está muito mais ativo do que nas pessoas normais. Isto explica a sua calma e contentamento: "Nesta altura, podemos assumir com alguma confiança que os budistas fleumáticos, que podem ser vistos, por exemplo, em locais como Dharamsala (a residência do Dalai Lama), são de facto felizes". Curiosamente, o estado positivo dos centros cerebrais dos budistas estudados foi observado a toda a hora, e não apenas durante a meditação, pelo que se pode assumir que o estilo de vida influencia de alguma forma a função cerebral. As partes do cérebro que controlam o medo e a excitação mostraram muito menos atividade nos budistas do que nas outras pessoas. Esta descoberta permitiu aos cientistas começar a desenvolver técnicas especiais de meditação para tratar doenças depressivas.

O famoso escritor francês André Morua disse que não são os factos da nossa vida que nos tornam infelizes, mas a nossa atitude em relação a eles. Os ratos de laboratório, depois de terem pressionado um pedal que estimula a sua zona cerebral "infeliz" com a ajuda de eléctrodos incorporados, evitam-na posteriormente. Seria bom que as pessoas tratassem os seus infortúnios da mesma forma: demasiadas vezes continuamos a carregar no "pedal", sabendo que isso só nos vai levar a emoções negativas.

Há muito que se sabe que as emoções negativas não só alteram o funcionamento de todos os sistemas do corpo humano, como também alteram a composição do sangue. O fisiologista canadiano Hans Sellier deu a seguinte definição de stress: "O stress é tudo o que leva ao envelhecimento rápido do organismo ou provoca doenças".

É inerente à nossa fisiologia o facto de reagirmos violentamente ao perigo. Mas à medida que a civilização humana se desenvolve, a vida das pessoas torna-se cada vez mais segura, mas a capacidade de reação do corpo permanece a mesma. E muitas vezes o cérebro começa a inventar perigos para manter esta propriedade do organismo em ordem. Infelizmente, esta prontidão constante para o combate não é o melhor para a nossa saúde. Por isso, a melhor receita para a saúde é convencer o seu cérebro de que os perigos imaginários são muito menos graves do que ele pensa e, sem adiar para amanhã, começar a treinar a capacidade de gozar a vida, a capacidade de ser feliz.

Conclusão

Todos os dias o nosso cérebro é atacado por cada vez mais pensamentos intrusivos, que nos esgotam, nos impedem de nos concentrarmos na resolução de problemas urgentes e conduzem à apatia ou à depressão. "Não vou conseguir, sou um fracasso." "Como é que vou poder contar isto à minha mãe?". "Ninguém no mundo me quer." "Não consigo viver sem ele." "Não quero esta vida, prefiro morrer." "Todos me desprezam, todos se riem de mim", etc. .....

Já alguma vez pensou que esses pensamentos o fazem sofrer muito mais do que algo que aconteceu (ou vai acontecer) na realidade? Por vezes, em caso de patologia mental (por exemplo, esquizofrenia), só os medicamentos podem eliminar os pensamentos depressivos. Mas se o seu quadro de doença for normal, tente ultrapassá-los com os seus próprios esforços.

Duas condições podem provocar pensamentos intrusivos - a inatividade e a passividade intelectual ou, pelo contrário, o tempo de trabalho contínuo, o stress, a falta de sono e a fadiga crónica.

Se trabalha em casa ou a tempo parcial, se está a cuidar de um bebé ou à espera de um bebé e tem muito tempo livre durante o qual os maus pensamentos se insinuam na sua cabeça, só precisa de fazer algo para se manter ocupado o mais rapidamente possível.

Escreva um horário diário rigoroso, faça uma lista de tarefas que têm de ser feitas (incluindo "certifique-se de que aprende algo novo", faça a sua atividade favorita, ouça um livro áudio educativo enquanto faz os trabalhos de casa, etc.). Reorientar o cérebro para a resolução de tarefas específicas, orientar o pensamento no sentido do trabalho.

Se está "atolado no trabalho", deve mudar urgentemente a situação, indo para fora durante dois ou três dias mais perto da natureza, ou dedicar esse tempo a trabalho físico: arranjar o telhado da sua dacha ou cavar a horta da sua sogra. Acredite, ao fim de dez hectares de escavação, os pensamentos negativos que o atormentaram durante o último mês cairão como um pedaço de terra seca.

O calor da paixão diminuiu, mas os pensamentos tristes continuam a regressar? Utilize o conselho que já demos - substitua o negativo por um positivo. Escreva a essência dos pensamentos obsessivos numa folha de papel, tentando encaixar tudo numa frase. No verso da folha de papel, formule um pensamento com o qual irá substituir a primeira afirmação negativa. Por exemplo: "Os médicos não encontraram nada, mas acho que tenho uma doença muito perigosa, talvez até oncológica." Neste caso, uma afirmação positiva não é suficiente, é preciso fazer exames adicionais - os adultos e as pessoas responsáveis pela sua saúde devem compreender isto. Mas os pensamentos positivos podem transformar tudo o que está à sua volta - mesmo afectando a sua saúde. Então, escreve: "Tenho análises perfeitas. Os médicos disseram que as suspeitas de (pedras, tumores) podem ser excluídas com cem por cento de certeza. A minha saúde está a melhorar todos os dias. Sinto-me cada vez melhor. Gosto do meu corpo saudável e forte". (Importante: ao formular atitudes positivas, evite a partícula "não"). Escreva-a numa folha de papel (e leve-a sempre consigo), dite-a para um gravador de voz, escreva-a num cartão de cartolina ou grave-a na memória do seu computador, em vez de na proteção de ecrã. E assim que se aperceber que os pensamentos negativos penetraram no seu cérebro - pegue imediatamente numa folha de papel com o texto e leia-o em voz alta e com expressão (bem, ou repita-o para si próprio, para não envergonhar os seus colegas). Eventualmente, aprenderá este texto de cor e repeti-lo-á automaticamente; é nessa altura que os pensamentos negativos não conseguirão romper a armadura da sua positividade.

E, por favor, não pensem que os maus pensamentos são algo sem importância. Como disse o padre Ignatius Bryanchaninov, "dos pensamentos correctos aceites nascem todas as coisas boas, dos pensamentos falsos aceites nascem todas as coisas más". Os pensamentos dão origem às emoções, às acções e, por fim, ao destino.

Muitas vezes, com a nossa "segunda mente", apercebemo-nos de que os nossos pensamentos são hipertrofiados e ilógicos e, por vezes, simplesmente absurdos, mas não conseguimos "expulsá-los" da nossa consciência! Os padres ortodoxos falam por vezes de sermos possuídos por demónios (não aqueles com cascos e forquilhas, mas demónios energéticos) que inspiram pensamentos maus e prejudiciais.

Do ponto de vista psiquiátrico, uma pessoa só precisa de se abstrair daquilo que pensa serem os seus próprios pensamentos para os banir da sua mente. E o ponto de partida é admitir que tem pensamentos intrusivos (acha que é fácil para um alcoólico dar este passo?), e que quer livrar-se do que está a envenenar o seu corpo e a sua vida.

Assumir a responsabilidade pelas suas acções (não são os seus pensamentos, mas sim as suas próprias acções - mesmo sob a influência da depressão ou da negatividade proveniente de experiências obsessivas). Diga a si próprio - quem é que manda na casa (o seu cérebro)? Imagine que o seu cérebro é um grande apartamento. Aqui está o quarto "trabalho", aqui está "amigos", aqui está "pais", "filhos", a despensa "entretenimento", a varanda "guloseimas" e assim por diante. Mas todos os quartos estão atualmente ocupados por um estranho intruso e desagradável - um pensamento negativo. Pegue numa pistola ou numa arma de choque, numa esfregona, numa vassoura ou num trapo (dependendo da sua sede de sangue) e expulse o hóspede não convidado (pensamento) pela porta fora. Abra a porta (na zona do chacra frontal) e - fora! E depois fecha a porta com firmeza e não deixes o hóspede indesejado voltar a entrar, porque tu és o dono da casa.

Outro ponto importante: recusar o benefício oculto que a perturbação obsessivo-compulsiva acarreta. "Como é que pode ser assim! - pode exclamar o leitor indignado, "estou a sofrer muito, que benefícios pode haver, de que está a falar?" Sobre o facto de o fluxo de pensamentos obsessivos obsessivos dar a algumas pessoas uma desculpa para a sua própria inatividade, passividade e preguiça ("Estou a sofrer, tenho pensamentos obsessivos, não tenho tempo para resolver problemas"). É claro que este bónus é menor do que o de resolver o problema (é por isso que, em psicologia, se chama "benefício secundário"), mas mesmo assim é possível obter alguns dividendos psicológicos das pessoas. Por exemplo, a simpatia e a condescendência dos outros (se lutar e se esforçar - não espere simpatia). Além disso, ao entregar-se ao sofrimento, não consegue pensar em como resolver o problema, sair dos problemas, alcançar o sucesso. Quem se atreverá a exigir acções construtivas a uma pessoa miserável que está a sofrer tanto!

Por exemplo, uma pessoa tem sempre na cabeça: "Não quero esta vida, é melhor morrer. Não há esperança". Bónus? Uma vez que não há esperança, não há necessidade de tentar alcançar algo - pode sentar-se e sentir pena de si próprio, escolhendo o papel de mártir e vítima. Não há necessidade de estabelecer novos objectivos e lutar por eles com muito esforço, não há necessidade de se tornar adulto e assumir a RESPONSABILIDADE pela sua própria vida. Podes simplesmente existir, seguir a corrente e ver se te safas!

Se se sentir dominado por pensamentos intrusivos, pense no benefício indireto que retira deles, nos bónus que o fazem tão feliz que não consegue abdicar deles, mesmo correndo o risco de contrair uma doença mental.

E assumir a responsabilidade pela sua vida. Este é um remédio muito eficaz para os pensamentos obsessivos e um excelente estimulante para otimizar o funcionamento do cérebro, comprovado.

LITERATURA UTILIZADA

1. Vartanyan I. A., Egorov V. Ya. Neurofisiologia: livro didático. SPb. Instituto de Pedagogia e Psicologia Especializada, 2014. 64 c.
2. Gaivoronsky I. V., Nichiporuk G. I., Gaivoronsky A. I. Anatomia do sistema nervoso central e órgãos sensoriais: livro didático para bacharéis. M. Editora Yurait, 2015. 293 c.
3. Nicholls J., Martin A., Vallas B., Fuchs P. Do neurónio ao cérebro. M. Unitorial Urss, 2003. 672 c.
4. Agajanian N. A., Smirnov V. M. Fisiologia normal: livro didático para universidades médicas. M. Med. inform. agência, 2007. 519 c.
5. Batuev A. C. Fisiologia da atividade nervosa superior e sistemas sensoriais: livro didático para universidades. 3ª edição, revista e complementada. São Petersburgo. Peter, 2008. 317 c.
6. Blum F., Leiserson A., Hofstedter L. Cérebro, mente, comportamento. M. Mir, 1988. 248 c.
7. Dubynin V. A. A., Kamensky A. A., Sapin M. R., Sivoglazov V. I. Sistemas reguladores do organismo humano: livro didático. R., Sivoglazov V. I. Sistemas reguladores do organismo humano: livro didático. M. Drofa, 2003. 368 c.
8. Shulgovskiy V. V. Fundamentos da neurofisiologia: livro didático para universidades. M. Aspect Press, 2000. 277 c.
9. Kuraev T. A., Aleynikova T. V., Dumbai V. N., Feldman G. L. Fisiologia do sistema nervoso central: livro didático para universidades. N., Feldman G. L. Fisiologia do sistema nervoso central: livro didático para universidades. 2ª edição, revista e complementada Rostov n/D: Phoenix, 2000. 384 c.

10. Smirnov V. M., Yakovlev V. N. Fisiologia do sistema nervoso central: livro de texto. N. Fisiologia do sistema nervoso central: livro didático. M. Academia, 2002. 352 c.
11. Uryvaev Yu. V., Dontsov R. G. Fisiologia do sistema nervoso central. O início da integração do sistema. M. Aspect Press, 2007. 160 c.
12. Vartanyan I. A. Fundamentos de neurofisiologia e da atividade nervosa superior / I. A. Vartanyan. - SPb., 2003.
13. Vartanyan I. A. Neurofisiologia: livro-texto / I. A. Vartanyan, V. Y. Egorov. - SPb. Instituto de Pedagogia e Psicologia Especializada, 2014.
14. Vartanyan I. A. Recomendações metodológicas para estudos independentes em neurofisiologia, fisiologia dos sistemas sensoriais e atividade nervosa superior / I. A. Vartanyan. - SPb. ISPiP, 2009.
15. Vartanyan I. A. Psicofisiologia e atividade nervosa superior: word.-sprav. - SPb. : ISPiP, 2006. - [Recurso eletrónico]. URL: http:// www.iprbookshop.ru/29993.html. - EBS "IPRbooks" (data de referência: 19.11.2018).
16. Egorov V. Ya. Recomendações metodológicas para o trabalho independente em anatomia: em 2 partes. Cap. 2 / V. Y. Egorov. - SPb. ISPiP, 2012.
17. Khomutov A. E. Fisiologia do sistema nervoso central / A. E. Khomutov. - Rostov/D: Fénix, 2006.
18. Shulgovsky V. V. V. Fundamentos de neurofisiologia / V. V. Shulgovsky. - M.: IP RAN, 1998.
19. Abramets I. Síndrome depressiva: neuroquímica, neurofisiologia, farmacologia / I. Abramets, D. Evdokimov, A. Talalaenko. - Palmarium Academic Publishing, 2014.

20. Agajanian N. A. Fisiologia normal: livro didático para universidades de medicina / N. A. Agajanian, V. M. Smirnov. - Moscovo : Med. inform. agency, 2007.
21. Blum F. Cérebro, mente, comportamento / F. Blum, A. Leiserson, L. Hofstadter. - M. : Mir, 1988.
22. Dubynin V. A. Dubynin. V. A. Dubynin, A. A. Kamensky, M. R. Sapin, V. I. Sivoglazov. - Moscovo: Drofa, 2003.
23. Dykhan L. B. Introdução à anatomia do sistema nervoso central : livro didático / Dykhan L. B. ; Yuzh. - Taganrog: Izd-vo Yuzh Feder. un-ta, 2016
24. Niyazmetov B., Akhmedov R., Mirzaolimov M. RESPIRAÇÃO DO UNCOU'LED NA MITICHONDRIA DE PÁSSAROS: CONEXÃO COM A TERMOGÊNESE //Bulletin of Namangan State University. - 2019. - T. 2019. - C. 18.
25. Mirzaolimov M. M., Abdullaev G. R., Abdullayev S. S. PAPEL DE UMA DIETA DE RESTRIÇÃO CALÓRICA NO PROLONGAMENTO DO PERÍODO DE VIDA DE UM ORGANISMO E SEUS MECANISMOS MITOCONDRIAL / / Boletim Científico da Universidade Estadual de Namangan. - 2019. - T. 1. - №. 10. - C. 106-112.
26. Axmerov R. N. et al. SOBRE A POSSIBILIDADE DE MITOCONDRIA NÃO COLOCADA NA GORDURA MARROM DE PORCOS GUINÉS RECÉM-NASCIDOS //Boletim Científico da Universidade Estatal de Namangan. - 2019. - T. 1. - №. 9. - C. 49-55.
27. Mirzaolimov M. M. et al. O MÉTODO DE SEPARAÇÃO DE MITOCÔNDRIAS E DETERMINAÇÃO DE ALTERAÇÕES FISIOLÓGICAS E BIOQUÍMICAS EM ORGANISMOS EM

ONTOGÊNESE //Boletim Científico da Universidade Estatal de Namangan. - 2020. - T. 2. - №. 3. - C. 175-178.

28. Soliev N., Mirzaolimov M. AÇÃO DO CÁLCIO NO CONTEÚDO DE FOSFOTIDILCOLINA, FOSFATIL ETANOLAMINA E SUAS LIOSFORMAS NO FÍGADO DE RATOS MITOCHONDRIA / / Boletim Científico da Universidade Estadual de Namangan. - 2019. - T. 1. - №. 3. - C. 69-71.
29. Mirzavalievich M. M., Adashaliyevich N. Q. Soy protein, isoflavones, and cardiovascular health //International Journal of Scientific Trends. - 2023. - T. 2. - №. 4. - C. 10-18.
30. Mirzavalievich M. M., Adashaliyevich N. Q. Soy protein, isoflavones, and cardiovascular health //International Journal of Scientific Trends. - 2023. - T. 2. - №. 4. - C. 10-18.
31. Anvarov F. R., Mirzaolimov M. M. HERIATRIA (DEFINIÇÃO DE DEFINIÇÕES; DESAFIOS ANTES DESTA CIÊNCIA; SECÇÕES E REALIZAÇÕES) //TA'LIM VA RIVOJLANISH TAHLILILI ONLAYN ILMIY JURNALI. - 2022. - C. 326-332.
32. Mirzaolimov M. M. Rakhimjonovich MAG IMPLICAÇÃO DA DESCOBERTA DO PERÓXIDO LÍPIDO NA MITOCONDRIÇÃO DA CABEÇA DE RATOS NA ONTOGENESE PÓS-NATAL //REVISTA INTERNACIONAL DE DISCURSO SOBRE INOVAÇÃO, INTEGRAÇÃO E EDUCAÇÃO. - 2020. - T. 1. - №. 5. - C. 78-86.
33. Sopiyev Sh. K., Ruziboeva S. I., Mirzaolimov M. M. Abordagens para o desenvolvimento de desportos infantis e juvenis e a conceção de formação plurianual e a conceção de formação plurianual //PEDAGOGS journalali. - 2022. - T. 5. - №. 1. - C. 162-170.

34. Mirzaolimov M. M. et al. GERIATRIA (DEFINIÇÃO DE CONCEITOS; TAREFAS DESTA CIÊNCIA; SECÇÕES E REALIZAÇÕES) //TA'LIM VA RIVOJLANISH TAHLILI ONLAYN ILMIY JURNALI. - 2022. - C. 143-149.
35. Tadjibaeva G. I., Mirzaolimov M. M. KALAMUSHLARDA SURUNKALI EMOTIONAL STRESS MODELINI YARATISH VA ORGANIZMDAGI BIOKIMYOVI YETAKCHI TADQIQIQOTLAR ONLAYN ILMIY JURNALI //BARQARORLIK VA YETAKCHI TADQIQOTLAR ONLAYN ILMIY JURNALI. - 2022. - C. 166-170.
36. Atakhanova S. D. STRESS TAJSIRIDA ORGANISM A'ZO VA TIZIMLARIDAGI PHYSIOLOGIC-BIOKIMIY UZGARISHLAR //BARQARORLIK VA YETAKCHI TADQIQOTLAR ONLAYN ILMIY JURNALI. - 2022. - T. 2. - №. 4. - C. 215-219.
37. Sopiyev Sh. K., Ruziboeva S. I., Mirzaolimov M. M. Unidade e inter-relação entre a estrutura da atividade de competição e a estrutura do treino //PEDAGOGS journalali. - 2022. - T. 10. - №. 4. - C. 220-228.
38. Tajibaeva G. I., Mirzaolimov M. M. MITOHONDRIANING TARKIBIY TUZILISHI VA BAJARADIGAN VAZIFALARI //PEDAGOGS jurnali. - 2022. - T. 8. - №. 1.
39. Mirzaolimov M. M. et al. Oxigénio VA Nitrogénio FAOL SHAKLLARI SYNTHESIS //PEDAGOGS jurnali. - 2022. - T. 7. - №. 1. - C. 394-400.
40. Mirzaolimov M. M. Abdullaev Gofurjon Rakhimjonovich, Effect of lipid peroxidation on rat liver mitochondria during postnatal ontogenesis //International journal of discourse on innovation. Integração e educação, Uzb, dezembro. - VOL. 11 - P. 78-86.

41. Karimov M. A. et al. RESULTADOS DO TRATAMENTO COMPLEXO DE HEMANGIOMAS ORAIS. - 2023.
42. Mavlanova S. MM Mirzaolimov Odam va hayvonlar fiziologiyasi (o 'quv-uslubiy majmua). Namangan, 2021.
43. Rakhmatullaev A. M. M., Mirzaolimov M. M. PAPEL DO NA-K-NASOS. TRANSPORTE ACTIVO DE CÁLCIO E IÕES DE ÁGUA NA CÉLULA //Jornal de inovações do novo século. - 2023. - T. 43. - №. 1. - C. 8-13.
44. Niyozov Q. A., Mirzaolimov M. M., qizi Kabirova Z. A. WOGONIN SOBRE O MECANISMO DE INFECÇÃO DO VÍRUS DA INFLUENZA DE SUBSTÂNCIAS INFLAMATÓRIAS MACROFÁGICAS ALVEOLARES / Investigação Educacional em Ciências Universais. - 2023. - T. 2. - №. 5. - C. 347-352.
45. Jalolov I. et al. FLAVONÓIDES DA PLANTA PAPAVER ANGRENICUM //Ciência e inovação. - 2023. - T. 2. - №. D10. - C. 91-94.
46. Mirzaolimov M. M. et al. ZHISMONIY RIVOZHLANISH, TAYORGARLIK DARAZASI VA INTELLECTUAL KOBILIYAT URTASIDAGI BOGLIK // EDUCAÇÃO CIÊNCIA E IDEIAS INOVADORAS NO MUNDO. - 2024. - T. 43. - №. 7. - C. 58-63.
47. Mirzaolimov M. M. et al. BOSHLANFICH SINF Ў QUVCHILARINING ZHISMONIY RIVOZHLANISH DARAJASINI ANI KLASH USLUBLARI //Jornal de pesquisa científica mundial. - 2024. - T. 26. - №. 2. - C. 7-12.
48. Umirzaqovna X. N. N., Mirzavaliyevich M. M. FLAVOSANNI JIGAR MITOXONDRIYALARINING NAFAS OLISHI VA

OKSIDLANISHLI FOSFORLANISHIGA TA'SIRI // Journal of new century innovations. - 2023. - T. 43. - №. 1. - C. 21-27.

49. Mirzaolimov M. M., Niyozov K. A. EXTRACTOS DE PLANTAS CONSERVADORAS DE FLAVANÓIDES //Pesquisa Educacional em Ciências Universais. - 2023. - T. 2. - №. 6. - C. 187-193.

50. Mirzavaliyevich M. M., Xayitaliyevich Y. U. APIGENINA //" CANADA" CONFERÊNCIA INTERNATİONAL SOBRE DESENVOLVIMENTOS İN EDUCATİON, SCİENCESAND HUMANİTİES. - 2023. - T. 9. - №. 1.

51. Mirzaolimov M. M. et al. EFEITOS DOS FLAVONES NATURAIS NAS PROPRIEDADES MEMBRANAS E CITOTOXICIDADE DAS CÉLULAS HELA //MAGISTRLAR. - 2023. - C. 26.

MIX
Papier aus verantwortungsvollen Quellen
Paper from responsible sources
FSC® C105338

Printed by Books on Demand GmbH, Norderstedt / Germany